国家自然科学基金项目(52274076、52074101)资助
中国博士后科学基金项目(2023M733279)资助
安徽省博士后资助项目(2022B650)资助
中钢集团马鞍山矿山研究总院股份有限公司资助
深井瓦斯抽采与围岩控制技术国家地方联合工程实验室资助
煤炭安全生产与清洁高效利用省部共建协同创新中心资助

深井采热致储能区井筒围岩损伤破裂的机理及判据

王 春 / 著

中国矿业大学出版社

·徐州·

内 容 提 要

本书基于水热型地热能开采时储能区井筒围岩所处的工程环境,以储能区花岗岩为研究对象,采用"高温处理、定温水养护、加热—养护循环次数"模拟储能区井筒围岩经受的高温、介质水、循环采热次数的影响环境,同时采用冲击荷载模拟热应力效应等产生的动力扰动现象,开展圆环花岗岩径向压缩荷载作用下动静态力学试验研究。首先研究了储能区圆环花岗岩径向压缩荷载作用下的动静态力学特性;然后采用高速摄影监测、数值模拟分析、理论分析相结合的方法阐述了径向荷载作用下圆环花岗岩的动静态损伤破裂机制;随后基于圆环花岗岩的结构变形和损伤破裂特征采用组合模型的方法建立了储能区圆环花岗岩的动态损伤结构模型;最后引入生物种群增长理论,从能量的角度出发,构建了储能区圆环花岗岩的动态起裂判据和动静态破裂判据。

本书可为从事深层地热能开采、深井围岩稳定性控制、深部岩石破裂预测等相关工作的科研人员提供理论参考,也可供相关工程技术人员参考使用。

图书在版编目(CIP)数据

深井采热致储能区井筒围岩损伤破裂的机理及判据/
王春著.—徐州:中国矿业大学出版社,2024.2
ISBN 978-7-5646-6173-1

Ⅰ.①深… Ⅱ.①王… Ⅲ.①井筒变形－围岩变形－
安全监测 Ⅳ.①TD321

中国国家版本馆 CIP 数据核字(2024)第 035264 号

书　　名	深井采热致储能区井筒围岩损伤破裂的机理及判据	
著　　者	王　春	
责任编辑	潘俊成	
出版发行	中国矿业大学出版社有限责任公司	
	(江苏省徐州市解放南路　邮编 221008)	
营销热线	(0516)83885370　83884103	
出版服务	(0516)83995789　83884920	
网　　址	http://www.cumtp.com　　E-mail:cumtpvip@cumtp.com	
印　　刷	江苏淮阴新华印务有限公司	
开　　本	787 mm×1092 mm　1/16　**印张** 6.5　**字数** 167 千字	
版次印次	2024 年 2 月第 1 版　2024 年 2 月第 1 次印刷	
定　　价	38.00 元	

(图书出现印装质量问题,本社负责调换)

前　言

　　随着社会不断进步,人类对各种资源的需求日益增加,仅依靠不可再生资源已难以满足人类社会经济发展的需求,开发可持续利用新能源已成为解决未来资源短缺问题的有效途径之一。在此背景下,深层地热能的可持续开发利用越来越受到学者的高度重视。然而,高温、传热介质水、动力扰动等因素影响下储能区井筒围岩的损伤破裂机理、起裂判据、破坏判据等方面的研究仍存在不足,从而导致对深层地热能开采时出现的井筒围岩断裂、井筒断面缩小、井筒堵塞等现象不能准确分析和预判,阻碍地热能的可持续开采利用。深层储能区围岩的稳定是保障地热能可持续开采的前提,开展储能区岩石的静态、动态力学特性,损伤破裂机理及破裂判据等内容的研究,不仅能为高效开采深层地热能提供理论参考,还能弥补多因素影响下深部岩石力学特性方面研究的不足。

　　影响储能区围岩力学特性的因素繁杂,但高温、传热介质水、应力冲击扰动等是影响其内部结构、力学特性等变化的主要因素。本书结合深层地热能开采时的工程背景,以储能区花岗岩为研究对象,依次开展储能区圆环花岗岩径向静荷载压缩试验、径向冲击荷载试验、损伤破裂特征的数值模拟试验等试验研究,以揭示径向荷载作用时圆环花岗岩的静态、动态损伤破坏机理,构建储能区圆环花岗岩的损伤结构模型,建立相应的动态起裂判据和静态、动态破裂判据。本书研究内容具有重要的工程使用及理论价值,可为深层地热能开采时井筒围岩的稳定性控制提供一定的理论基础。

　　全书首先研究分析了储能区圆环花岗岩受径向静荷载压缩或冲击荷载作用时的力学特性,然后研究圆环花岗岩的静态、动态损伤历程及破裂特征,揭示径向压缩荷载作用下储能区圆环花岗岩的静态、动态损伤破坏机制,最后通过构建储能区圆环花岗岩的动态损伤结构模型,并引入生物种群增长理论,从能量的角度出发,建立了相应的动态起裂判据和静态、动态破裂判据。

　　本书共由7章组成。第1章主要介绍深井采热致储能区井筒围岩损伤破裂的机理及判据研究的背景及意义,同时阐述国内外关于该领域的研究现状。第2章主要介绍圆环花岗岩径向静荷载压缩下的力学特性。第3章主要介绍储能区圆环花岗岩受径向冲击荷载作用时的力学特性。第4章主要介绍圆环花岗岩受径向荷载作用时的静态、动态损伤破坏机制,同时分析了动静态荷载作用下储能区圆环花岗岩损伤破坏特征的异同之处。第5章在前4章的研究基础上建立了储能区圆环花岗岩的动态损伤结构模型,并采用力学试验和数值模拟的方法展开了论证。第6章主要阐述储能区圆环花岗岩受载时的起裂特征,同时构建了储能区圆环花岗岩的动态起裂判据。第7章主要基于圆环花岗岩的变形特征、破坏历程,从能量演化的角度出发构建了储能区圆环花岗岩的动态、静态破裂判据。

　　本书获得了国家自然科学基金项目"热-水-力耦合分段岩体的损伤增透机理及止裂物群预判智能模型"(52274076)和"深层地热新能源开采时致井筒围岩损伤破坏机理及判据研

究"(52074101)、中国博士后科学基金项目"热-水-力多场分段耦合时深部岩体止裂物群预判智能模型"(2023M733279)、安徽省博士后资助项目"基于生物种群增长模型的深层地热储能岩体致裂机理及判据"(2022B650)、深井瓦斯抽采与围岩控制技术国家地方联合工程实验室、煤炭安全生产与清洁高效利用省部共建协同创新中心、中钢集团马鞍山矿山研究总院股份有限公司的资助,在此表示衷心的感谢!本书在撰写过程中参考了国内外专家的文献和专业书籍,在此一并表示感谢!

　　由于笔者水平所限,书中难免存在疏漏之处,恳请各位读者批评指正!

著　者

2023 年 9 月于河南理工大学

目　录

1 绪 论

1.1 研究背景和意义

1.1.1 研究背景

随着社会不断发展,人类对各种资源的需求逐步扩大,尤其是对不可再生资源的巨大消耗导致浅部资源的开采已无法满足人类的需求。勘探开采深部资源便成为解决资源短缺问题的有效途径之一,涉及的深部复杂环境下岩体的力学特性、损伤机理、本构模型等方面研究也一跃成为科学研究的前沿问题。同时,全球变暖、环境污染、生态失衡等问题对人类生存和发展的威胁也日益严重,究其原因是非清洁能源燃烧等造成温室气体超标排放和不可再生资源的过度开采等。基于此,实施节能减排、绿色开采、可再生新能源的开发利用等已刻不容缓,而采空区遗留矿产资源的二次回收、深层地热能的可持续开发利用等工程,其涉及的主体对象都是深部岩体。因此,基于深部工程背景,探究复杂环境条件下深部岩体的力学特性、损伤破坏机理及判据已成为深部资源开采必须解决的基础科学问题,也紧扣我国"碳达峰,碳中和"的目标,其研究成果不但可以弥补岩石力学领域在深部矿岩体基础理论方面的不足,也可以为深部矿产资源及可再生清洁热能等的开采提供理论参考,具有非常重要的现实和战略意义。

全球变暖、大气污染、水污染、生态平衡破坏等环境问题对人类生存和发展的威胁日趋严重。作为全球第一大能源进口国,我国与美国、日本、俄罗斯等国家之间围绕能源进行的角逐与博弈愈发激烈,面对突出的环境问题和严峻的能源安全形势,实施节能减排、绿色发展、可再生新能源开发利用等举措已刻不容缓。地热能作为一种清洁、低碳的可再生能源,可分为深层地热能和浅层地热能;与浅层地热能相比,深层地热能储量巨大,具有温度高、热稳定性强和能量密度高等特点,是清洁能源发展的新趋向。地热能的开发利用贯彻落实了习近平总书记关于推动能源生产和消费革命战略思想及"推进北方地区冬季清洁取暖"的重要讲话精神。随着有关地热能政策的逐步制定与实施,深层地热能开发力度不断增大,地热能需求量持续增长,地热能将成为继水能、风能和太阳能之后又一种重要的可再生能源。开发利用地热能不仅可以减轻我国生态环境压力,还能优化我国能源结构,对实现我国能源安全目标具有非常重要的现实和战略意义。

深层地热能开发利用的总体方式为"一注一抽循环取热",即注水井回灌低温水,生产井开采高温水或水蒸气用来发电、供暖等。地热储能层高温岩体处于高应力和冷热水交替影响的环境中,极易出现变形、损伤、破坏等现象,从而导致地热储能层区井筒围岩变形破坏,甚至坍塌闭合,造成深层地热能开采通道堵塞,严重威胁深层地热能的安全高效开采。因此,深井围岩的稳定性控制是高效开采深层地热能的前提。要平衡深部岩体受热循环时内部存储的能量,防止过度采热导致深部岩体所处的应力环境平衡条件被打破,须探索深井采热过程中井筒围岩的损伤破坏机理,为高效开采深层地热能提供理论依据。

1.1.2 研究意义

绿色开采、清洁可再生能源开发利用、节能减排等思想已深入人心,如何安全高效开采深部矿产、清洁能源,尤其是深部采空区内遗留矿物和岩体内赋存的热能等已是当今必须解决的难题。如此,深部岩体便是学者们面对的直接研究对象,基于实际工程背景,从微观机理、宏观展现方面探索深部岩体的力学特征具有深远的意义。同时,立足于深层地热能开采时井筒围岩所处的环境,以储能区井筒围岩为研究对象,开展"深井采热致储能区井筒围岩损伤破裂的机理及判据"研究,可为持续、高效、安全开采地热新能源提供理论参考,尤其是可以为井筒围岩稳定性控制措施的制定提供理论依据。图 1-1 给出了一种典型地热井的结构示意剖面图。

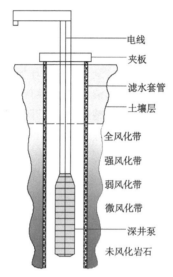

电线
夹板
滤水套管
土壤层
全风化带
强风化带
弱风化带
微风化带
深井泵
未风化岩石

图 1-1 典型地热井结构示意剖面图

根据地热井施工时的工程概况,明显可知井筒的形成离不开岩石的钻凿,井筒围岩稳定性控制不可忽略高温、高地应力、不同温度水、动力扰动等影响因素。如图 1-1 所示,若井筒围岩破坏严重,在垂直于井筒断面等高地应力的作用下,滤水套管会发生变形,甚至断裂,从而导致地热井断面变小甚至堵塞,最终影响高温水的抽采,阻断地热能回采。若无高温、高地应力、不同温度水、动力扰动等条件下岩石损伤破坏机理及判据的理论支撑,滤水套管材质和参数、井筒出水量估算、岩体内热力场分布等都无法进行选择、预测,可能产生因地热能开采不当而导致能源枯竭的后果。因此,基于深层地热能开采时井筒围岩所处的复杂环境,开展高深井筒围岩损伤破坏机理及判据的研究,揭示"高温、高地应力、不同温度水、动力扰动及循环采热次数对高深井筒围岩损伤破坏"的影响规律,建立相应条件下井筒围岩的破坏判据,以便为高深井筒围岩稳定性控制提供理论依据,对实现深层地热能可持续、高效、安全开采具有深远意义。

1.2 国内外研究现状

1.2.1 深层地热能开采研究现状

深层地热能储量大、分布广，具有清洁环保、用途广泛、稳定性好、可循环利用等特点，与风能、太阳能等相比，不受季节、气候、昼夜变化等外界因素干扰，是一种现实可行并具有竞争力的新能源。我国于 2017 年 1 月，由国家发展和改革委员会、国家能源局及国土资源部联合发布了《地热能开发利用"十三五"规划》，其目标是至 2020 年地热供暖（制冷）面积累计达到 16 亿 m²，实现地热发电装机容量 53 万 kW，地热利用总量 7 000 万 t 标准煤，地热供暖年利用量 4 000 万 t 标准煤[1]。美国、日本、德国等国家都将地热资源作为未来发展的关键能源，同时制定了相关的法律法规，如美国政府先后出台了《美国地热蒸汽法》《地热能源法》《地热生产扩张法案》等法规[2]；日本涉及地热开发的法规有《自然资源保护法》《地面沉降防治法》《关于防止倾斜地崩灾害的法规》等[3]；德国的《可再生能源法》对地热资源的开发和管理也作出了相关规定[4]。

国外一些能源公司也已将业务纷纷扩展到了地热开发利用领域，如以冰岛绿源公司为代表的地热供暖[5-6]、以雪佛龙公司为代表的地热发电[7]、以壳牌公司为代表的干热岩发电[8]在地热能开发利用上处于国际领先地位。能源公司的发展离不开科研工作者的研究成果，国外学者进行了大量的地热能源开发利用方面的理论研究。L. J. P. Muffler[9]根据地热系统的地质环境和热量传递方式将地热系统分为"对流型地热系统"和"传导型地热系统"；L. G. Donaldson 等[10]认为地热系统还包括"地压系统""干热岩系统"和"岩浆系统"，同时将水热系统的热储流体分为温水储、热水系统、两相系统、以蒸汽为主的系统。

国内关于地热开发利用的研究起步较晚，但也取得了一定成就。回顾我国地热研究工作的历程，大体可分为三个阶段，即初创阶段（20 世纪 50—60 年代）、初步发展阶段（20 世纪 70 年代）、重要进展阶段（20 世纪 80 年代至今）[11-12]。20 世纪末到 21 世纪初，国内学者在地热领域进行了大量的研究，具有代表性的有西藏羊八井高温地热田的研究，主要研究内容有地热气体的地球化学特征及地质意义、高温地热田地噪声与微地震的勘察、地热流体成因及演化的惰性气体制约等[13-15]。关于地热资源的勘探方法也进行了研究，并取得了一些成果，如 MT 法在地热勘探中的应用[16]、人工源超低频电磁探测技术[17-19]、天然电磁辐射探测技术等[20-22]。

综上所述，世界各国已将地热能作为未来重要的一种新能源，地热能引起了国内外能源公司和学者们的广泛关注。但大量精力都放在了研究地热能勘探、地热能特征及利用方法等方面，而对如何高效、可持续开采深层地热能，且最大限度保护环境，尤其是控制地下水流失、地表沉陷等方面的研究不足，同时对储能层井筒围岩稳定性控制方法的研究也存在缺陷。因此，开展地热井储能层区段井筒围岩受开采环境影响而变形破坏机制方面的研究迫在眉睫。

1.2.2 深层地热储能岩体力学特征研究现状

开发利用深层地热能可有效解决人类发展过程中面临的能源危机。目前地热能产出方式分为水热型和干热岩型，且以水热型的开发为主[23-24]。统观国内外地热能开采技术研究现状,无论开采技术如何先进,都离不开储能岩体的钻凿、开挖、支护等,因此学者们基于深层岩体所处的环境条件在储能岩体的力学特征及损伤破坏机理方面开展了大量研究。

(1) 高温条件下岩石的力学特征

基于地热能存储岩体温度高的特点,国内外学者开展了高温条件下岩石力学特征方面的研究,探索了岩石强度、损伤演化过程、变形特征等受高温影响的规律。如张志镇等[25]、黄彦华等[26]、D. Zhu 等[27]、X. G. Zhao 等[28-29]研究发现高温处理后的岩石内部产生了损伤,随温度的升高岩石的抗压强度、弹性模量等降低,且破坏形式由脆性破坏向塑性流动破坏过渡。左建平等[30]、T. Kim 等[31]探索了温度、压力耦合作用下岩石屈服破坏特征,发现温度、压力耦合作用下,当内部能量耗散到某一临界值便产生屈服破坏,且能量耗散的规律主要受应力差、热流量和温度梯度等因素的影响。刘石等[32]、宋小林等[33]、Z. Zhao 等[34]、Z. L. Wang 等[35]利用巴西圆盘对大理岩开展高温岩石动态劈裂试验,发现岩石的动态拉伸破坏应变随温度升高呈增大趋势,动态抗拉强度随温度升高呈先增大后减小的变化趋势。

分析国内外学者关于高温条件下岩石力学特征的研究,发现其存在一些问题:一是其重点放在了温度条件上,一定程度上忽略了储能岩体一般是花岗岩的工程事实;二是仅考虑温度由低到高的情况,忽略了地热储能岩体的实际温度范围;三是在高温条件下岩石损伤破坏判据的研究不足,导致无法定量预测高温岩体的破坏。基于地热储能岩体花岗岩实际的温度环境条件,开展考虑地热井方向的圆环花岗岩损伤破坏机理及判据研究,更能揭示高深井筒围岩的损伤破坏机理。

(2) 高地应力条件下岩石的力学特性

高地应力是深层地热能存储岩体所处环境的力学条件,是影响岩体损伤破坏特征的主要因素之一,关于该方面的研究也取得了一定成果。如陈景涛等[36]、G. S. Su 等[37]通过真三轴试验模拟地下工程开挖引起的复杂应力路径演化,发现该条件下岩石表现为弹脆性特征,且破坏模式多为剪切破坏。杨栋等[38]、H. Y. Yang 等[39]探讨了高应力条件下动态卸荷对围岩损伤特性的影响,发现卸荷速率越大,岩石损伤范围越大。针对高地应力条件下岩石的力学行为,周宏伟等[40]、H. P. Xie 等[41]也展开了研究,认为热-水-力耦合条件下岩石的损伤破坏机理是值得研究的方向。康红普[42]、G. Y. Guo 等[43]研究发现,井筒、巷道等处于深部高地应力作用下,易产生大变形、大破坏、大岩爆等现象。郭晓菲等[44]、赵志强等[45]、L. S. Jiang 等[46]认为高地应力将显著影响围岩塑性破裂的萌发、演化,是围岩破坏的本质原因。

综上所述,国内外学者针对高地应力环境中的岩石,开展了大量应力路径、卸荷速率等因素对岩石变形、损伤、破坏的影响方面的研究,而涉及深层地热能开采环境,即高温水、循环采热、钻凿和热应力冲击等环境条件下的损伤破坏机理及判据研究不足,尤其是破坏判据方面需要更深入的研究。今后,进一步研究深层地热能开采时,高深井筒围岩处于高温、热应力冲击、循环采热等环境中受高地应力作用时的强度特征、变形特性、破坏模式等,对揭示深层地热能源开采时致井筒围岩损伤破坏机理具有重要意义,同时也可以为高深井筒围岩破坏判据的建立奠定基础。

(3) 冷热循环环境中岩石的力学特征

地热能源开发利用时,注水井、回灌井围岩都需要和热能运输载体介质水接触,因此国内外学者基于岩体处于温度变化环境条件,开展了温度循环、干湿循环、冻融循环等效应方面的研究。如邰保平等[47]、Z. J. Feng 等[48]研究高温花岗岩遇水后的力学特征,发现单轴抗压强度、抗拉强度、弹性模量等力学参数都随温度升高逐渐降低。张勇[49]研究了蚀变岩石力学性质受温度循环的影响,同时还分析了温度循环在岩石内部损伤累积方面的作用,建立了温度作用下岩石力学参数劣化的规律函数。马芹永等[50]分析了干湿循环对深部粉砂岩蠕变特性的影响,得出蠕变破坏全过程所用时间随干湿循环次数增加而减小的结论。杜彬等[51]发现红砂岩的动静态抗拉强度都随干湿循环次数的增加而减小。杨更社等[52]、何国梁等[53]、L. P. Wang 等[54]在研究冻融循环过程中岩石力学特征、损伤劣化机理的基础上,建立了岩石冻融损伤本构模型。

基于上述研究现状分析,国内外学者以温度为前提,研究了各种环境变化时岩石的力学特征,涉及强度、损伤、本构模型等方面的研究。但是,针对地热能开采时井筒围岩受热-水-力耦合条件下的研究尚未涉及。在上述研究基础上,进一步开展岩石在温度变化的环境中,同时受不同温度水和钻凿、热应力冲击等因素影响下的损伤破坏机理,可更好地为深层地热能开采提供理论保障。

(4)冲击扰动影响条件下岩石的动态力学特性

开采地热能的高深井筒围岩难免受钻凿振动冲击、热冲击、地震波冲击的影响,因此冲击扰动条件下深部岩石的动态力学特性受到学者们的关注。金解放[55]、王春等[56]、唐礼忠等[57]探索了一维、三维静载与循环冲击共同作用下岩石的动力学特征,初步得出岩石能承受的循环冲击次数随轴压、围压的变化规律,能量耗散理论及损伤特性等。叶洲元等[58]、Z. Q. Yin 等[59]探讨了轴压卸荷或围压卸荷时深部岩石的动力学特性。轴压卸荷时,岩石动态抗压强度随冲击时轴压增大而先增大后减小;围压卸荷时,岩石动态抗压强度随卸载速度增大而降低。陈腾飞等[60]、曾严谨等[61]、R. H. Shu 等[62]研究高温环境中岩石动态力学特性时发现,内部微裂纹随热循环次数的增加发育明显,但无明显的方向性,说明高温循环破坏了岩石内部原有结构,导致岩石产生一定的热损伤。

虽然学者们进行了多种复杂环境下岩石动态系统特性的研究,如单次冲击、多次冲击时深部岩石的动态力学特性研究,但仍存在岩性、环境条件与工程实际不符的情况,尤其是针对深层地热储能岩体同时受热、液、动力、高应力共同影响时的动态力学特性方面的研究严重不足。为弥补上述不足,基于地热能开采时的实际环境条件开展地热井围岩受热-液-动静荷载耦合作用下的破坏机理及判据研究,更具有工程实践意义。

1.2.3 圆环结构岩样力学特征研究现状

深层地热能是我国能源结构中的重要一项,是实现我国能源安全战略目标的希望,但如何安全、高效、可持续开采深层地热能是当今亟待解决的难题[63-64]。现阶段,地热能开采的方法主要有地热单井换热、CO_2地质封存与增强地热开采一体化、基于地质构造双井循环开采等[65-67],这些方法都需要钻凿高深井筒。由于地热能开采井一般是垂直向下的,水平方向上的地应力或二次分布的水平力是导致井筒围岩破坏的直接因素。基于地热深井工程概况,可将井筒围岩看作圆环状的,因此研究圆环状岩石的力学特征更具有工程意义。在该方面,部分学者展开了探究,如 D. Y. Li 等[68]、吴秋红等[69]、杨圣齐等[70]研究发现,圆环岩样能承受的径向最大荷载随内径的增大而减小,随内圆偏心距的增大而增大,且含水程度不同也会改变圆环岩样抗径向压缩荷载能力。尤明庆等[71]、朱万成等[72]研究认为,圆环的巴西劈裂荷载随内径增大近似呈指数关系降低,同时提出用开裂荷载计算岩石间接抗拉强度的试验方法。由上述研究现状可以发现,以上研究均忽略了高温、介质水、热冲击扰动等因素对圆环岩样力学性质的影响,故基于地热能开采井、回灌井所处的实际环境情况,开展热-液-动静荷载耦合作用下地热井筒围岩的损伤破坏机理研究,建立预测井筒围岩破坏判据,为寻求延长地热井服务年限的方法提供理论参考,具有深远意义。

1.2.4 深部岩体损伤破坏特征及本构模型研究现状

深部岩体的损伤破坏特征可间接反映其曾经经历的物理力学历程,也可为深部岩体工程失稳预测提供参考,岩体的本构模型则可定量反映岩体的变形特性,也可从理论上预测岩体破坏时的临界条件,因此,国内外学者基于不同需求展开了相关方面的大量研究。

(1) 损伤破坏特征研究现状

基于深部岩体工程所处的实际工程环境,国内外学者探讨了高温、高应力、动态扰动等条件下岩体的损伤破坏特征,也一定程度上阐述了微观原因及宏观表现。如齐宏宇等[73]研究高温、动载对岩石损伤破坏特征的影响程度时发现,多种破坏模式交织在一起可以导致岩样失去抗载能力。尹土兵等[74]、Q. Ping等[75]研究发现,经过高温后砂岩的主要破坏模式为拉伸破坏,且温度越高破碎程度越大。李明等[76]研究发现,随应变率的增大,高温后岩石破坏模式由张拉破坏向剪切破坏转化。X. Li等[77]、A. S. P. Rae等[78]发现,随温度的升高岩石的动态破坏由脆性向延脆性转化,随加载速率的增大破碎程度加剧。同时部分学者也探讨了高温、水耦合对深部岩体损伤破坏特征的影响。杨敏等[79]研究循环升温-水冷作用下花岗岩的破坏特征,发现随温度的升高,花岗岩由劈裂-剪切复合型破坏向剪切破坏转变。冯国瑞等[80]研究了含水率对煤岩破坏特征的影响,发现含水率越大,岩样破坏的形态越复杂,且多由剪切破坏向柱状张拉破坏转化。由上述研究现状可知,国内外学者在深部岩体损伤特征方面的研究仍然对"热-水-力多场耦合条件的影响"缺乏考虑,需进一步加深研究,尤其将各因素耦合不均的条件纳入研究范围。

(2) 本构模型研究现状

关于深部岩石本构模型方面的研究,国内外学者也进行了大量探索,涉及的物理力学条件主要为循环加卸载、高静载卸荷、动静组合等,其目的是模拟深部岩体所处的实际工程环境。Y. B. Zhu等[81]考虑了循环次数、分级荷载阈值、岩性差异等因素对本构模型的影响,建立了循环荷载下岩石的疲劳损伤本构模型。基于动态冲击荷载下深部岩石的力学特性,E. L. Liu等[82]在考虑应变率、温度、含水率等因素不同的前提下,建立了相应的动态损伤本构模型。考虑高静载卸荷时深部岩石的应力-应变曲线除存在明显的跌落段外,也经历压密、弹性变形、屈服变形及破坏四个阶段的特征,刘军忠等[83]、C. L. Wang等[84]建立了不同卸荷速率、不同卸荷初始值以及分级卸荷等条件下岩石的损伤本构模型。针对动静组合力学试验下岩石的动态变形特征,部分学者也尝试利用连续损伤、应变等效、统计强度等理论建立相应的本构模型,如时效损伤本构模型、塑性损伤本构模型、过应力本构模型等[85-88]。随后部分学者又探索了热、水、力相互耦合下深部岩体的本构模型,如左建平等[89]、邰保平等[90]建立了热力耦合作用下深部岩石的流变模型。陈益峰等[91]建立了热-水-力耦合作用下岩石的渗透特性演化模型。虽然学者们关于深部岩体本构模型的研究已经非常丰富,但仍忽略了深部温度场不均、应力场不均、含水率差异时的工程环境,故立项研究热-水-力多场耦合不均条件下深部岩体的本构模型是极为重要的。

1.2.5　深部岩体裂纹扩展机理及止裂判据研究现状

岩体的损伤破坏是其内部裂纹萌生、扩展、贯通的宏观表现,揭示深部岩体裂纹扩展的机理,构建裂纹止裂的判据,便可有效指导深部岩体工程实施,实现灾害的预测及治理,国内外学者就此方面也展开了一定的探索。李博等[92]、胡训健等[93]研究了单轴压缩过程中岩石裂纹扩展规律,发现微裂纹按照晶间拉伸-晶间剪切-晶内拉伸-晶内剪切的顺序萌发,且以晶间拉伸为主。张国凯等[94],H. Lee等[95]研究了含单裂隙、双裂隙的岩石内裂纹的扩展特征,发现裂纹起裂应力的大小取决于岩石内裂隙的倾角。李炼等[96]研究了岩石偏心圆孔单裂纹平台圆盘的动态裂纹扩展特征,发现受载过程中裂纹非均速扩展,且出现起裂后速度骤升,止裂前速度明显减小的现象。部分学者还开展了冲击荷载、水力耦合等条件下岩石内部裂纹扩展机理的研究,如王飞等[97]提出了修正侧开半孔板构型构件,实现了岩体内动态裂纹扩展定区域止裂,且可精准预测止裂区域。李勇等[98]发现水力耦合条件下岩体内裂纹在初始萌生阶段是沿着最大应力降低方向扩展的。刘嘉等[99]研究了水力耦合下层理页岩的裂纹扩展规律,发现裂纹的扩展方向、扩展速度、扩展形式等由地应力的大小和方向控制。学者们为定量分析岩体裂纹止裂的条件,也展开了相应研究,如周磊等[100]研究了动载作用下裂隙岩体的止裂机理,提出可利用裂纹起裂所需能量来判断裂纹的止裂条件。邓青林等[101]研究了卸荷过程中裂纹起裂条件,认为其取决于裂纹的扩展方向、大小及扩展速度。曹富等[102]研究了岩石的动态断裂全过程,得出岩石动态起裂韧度大于动态止裂韧度,认为可以以此来判断岩体内裂纹的止裂条件。综上所述,岩石力学领域内的学者们在深部岩体裂纹扩展机理及判据方面的研究已取得一定的成果,涉及荷载形式、含裂隙情况、水力耦合等多方面条件,但针对高温、水、力三者耦合条件下的研究还存在不足,尤其是未开展过热-水-力耦合不均条件下的研究,也未尝试过智能预判裂纹止裂条件方向的探索。因此,引入生物种群进化繁衍思想,立项研究热-水-力耦合分段岩体裂纹止裂物群预判模型具有重大的基础理论意义。

1.3　研究内容

以深层地热能开采井筒围岩损伤破坏机理为落脚点,拟开展的研究内容如下。

(1)地热开采环境下井筒围岩在静荷载作用下的力学特性:开展圆环花岗岩在环向静荷载作用下的试验研究,揭示围岩变形特征、峰值荷载、破坏模式等受"高温、高地应力、不同温度介质水"影响时的变化规律。

(2)地热开采环境下井筒围岩受冲击荷载影响时的动力学特性:开展圆环花岗岩受径向冲击荷载影响时的试验研究,揭示"高温、高地应力、不同温度介质水"影响环境中,围岩变形特征、峰值荷载、破坏模式等受冲击荷载影响的变化规律。

(3)圆环花岗岩于地热开采环境中受动静荷载作用时的损伤破坏机理:采用岩样内环壁侧面贴应变片的方法,测试分析圆环内壁应变类型及受地热开采环境影响的变化规律。同时,基于VIC-3D非接触应变测量系统测试分析圆环岩样侧面应变,研究应变与裂纹扩展历程的定量关系;采用高速摄影仪捕捉试验过程中圆环岩样的损伤历程,结合环壁应变变化规律、试件侧面应变与裂纹扩展的定量关系,研究井筒围岩的损伤破坏机理;基于试验数据,开展动态试验过程的数值模拟分析,验证试验结果的精确性。

（4）热循环作用后圆环花岗岩样静动态破裂特征：为弥补地热井筒围岩损伤破坏特征方面的研究不足，假设井筒围岩承受的最大荷载为水平力且方向为沿井筒断面径向，采用圆环花岗岩开展静态、动态模拟力学试验研究，监测试验过程中岩样的破裂特征，揭示圆环花岗岩的变形特性、损伤历程和最终的破坏模式及特征。

（5）地热能开采过程中井筒围岩的破坏判据：建立静荷载作用下，圆环花岗岩受"高温、高地应力、不同温度介质水"影响因素制约时的破坏判据；推演圆环花岗岩于热-水-力耦合环境中受冲击扰动荷载影响时的破坏判据；基于建立的动静荷载作用下圆环花岗岩破坏判据，间接推演地热能开采过程中井筒围岩的破坏判据。

（6）高温-水循环作用后圆环花岗岩受径向荷载作用时的损伤本构模型及起裂判据：基于深层地热能开采时储能区井筒围岩历经的高温、遇水、动力扰动等工程环境，采用力学试验、数值模拟、理论分析相结合的方法，开展高温-水循环作用后圆环花岗岩径向冲击破裂特征及起裂判据的研究；基于圆环花岗岩的损伤变形特征及历程，在一定假设基础上，建立动态损伤结构模型，推演结构方程，构建圆环花岗岩动态损伤结构模型。

2　储能区圆环花岗岩径向静载压缩力学特性

为研究高深井筒围岩的破坏机理,假设水平某方向存在一组最大水平力,且是导致井筒围岩破坏的直接因素,因此研究圆环岩样在径向荷载作用下的力学特性,可一定程度揭示高深井筒围岩的破坏机理。部分学者研究了圆环岩样在径向压缩荷载作用下的力学特征,以及不同条件下圆环花岗岩的动态损伤特性和结构模型[103-105]。在上述研究基础上,基于地热能开采井、回灌井所处的环境,开展温湿循环条件下圆环花岗岩径向压缩力学试验研究,建立预测井筒围岩破坏的判据,为寻求延长地热井服务年限的方法提供理论参考。

2.1　储能区圆环花岗岩温湿循环径向静载压缩试验

2.1.1　岩样制备

试验用花岗岩取自埋深约为 500 m 处的花岗岩体,为开展温湿循环条件下圆环花岗岩径向压缩力学特性试验研究,将完整性、均质性好的花岗岩岩块加工成高为 30 mm、直径为 50 mm 的圆柱体试件和内径分别约为 6 mm、12 mm、18 mm、22 mm,外径为 50 mm,高为 30 mm 的圆环试件。同时为精确测得花岗岩试件在径向荷载作用下两端面的应变,严格按照岩石力学试验岩样加工要求,将岩样两端面仔细打磨,确保其不平行度和不垂直度都小于 0.02 mm。为满足岩石力学试验岩样尺寸标准,圆环花岗岩样高度 30 mm 是基于巴西圆盘试验岩样的尺寸要求确定的。

2.1.2　试验装置

试验测试系统由 GCTS 多功能岩石力学试验系统、VIC-3D 非接触全场应变测量系统组成,其实物图见图 2-1。

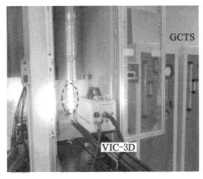

图 2-1　圆环花岗岩径向压缩力学试验系统

GCTS 多功能岩石力学试验系统用来开展径向压缩试验,其最大荷载量程为 $\pm 1\,500$ kN,测量精度为 $\pm 0.25\%$,位移加载速率范围为 $0.01\sim700$ mm/min。VIC-3D 非接触全场应变测量系统用来测量压缩过程中圆环花岗岩端面的应变,其由超高速相机、照明系统、触发和同步控制系统以及计算分析系统组成。试验系统同时配备 DH8302 高性能动态应变仪,用来测定试验过程中圆环花岗岩另一端面垂直径向荷载、沿径向荷载内环壁的应变。

2.1.3　试验方案

温湿循环条件下圆环花岗岩径向压缩试验目的是揭示深井循环开采地热能时导致井筒围岩损伤破坏的机理。试验以花岗岩为研究对象,考虑水平应力是导致高深井筒围岩破坏的主要因素,取井筒断面、岩体温度、介质水温、循环采热次数四个主要影响因素开展井筒围岩损伤破坏机理研究。试验的思想是以高温处理的花岗岩、圆环岩样内圆、养护水温、加热-养护循环次数分别模拟深层地热能开采时面临的高温岩体、高深井筒断面、回灌介质水温、循环采热次数。高温处理以 2 ℃/min 的加热速率将岩样加热至设定温度后维持 2 h;水温养护将加热后的高温岩样在自然状态下降温至设定的温度后浸入同温度水中养护 1 h;高温处理-水温养护一次定为一次循环采热。由于试验涉及四个因素,当每个因素取五个水平研究时,涉及的试验数据较多,基于深层地热能开采的工程概况,本章仅选取一组典型的试验方案进行研究。试验加热温度基于蕴藏地热能岩体的温度范围 $150\sim650$ ℃确定[106],考虑温度的上限、下限,设置 100 ℃、250 ℃、400 ℃、550 ℃、700 ℃五个加热温度水平;养护水温基于地热能开采时回灌水的温度确定,同样考虑回灌水温度范围设置 10 ℃、25 ℃、40 ℃、55 ℃、70 ℃五个温度水平;具体试验方案详见表 2-1。

表 2-1　温湿循环条件下圆环花岗岩径向压缩试验方案

岩样编号	外直径/mm	高度/mm	密度/(g/cm³)	四因素五水平			
				内径/mm	加热温度/℃	养护水温/℃	循环次数/次
G1-1	49.89	30.28	2.62	0.00			
G1-2	49.77	30.52	2.61	6.35			
G1-3	49.43	30.08	2.60	12.25	400	40	1
G1-4	49.21	29.98	2.58	17.74			
G1-5	49.16	30.11	2.59	22.08			
G2-1	49.17	30.28	2.59	17.67	100		
G2-2	49.21	29.90	2.59	17.78	250		
G2-3	49.21	29.98	2.58	17.74	400	40	1
G2-4	49.19	30.05	2.60	17.86	550		
G2-5	49.69	30.20	2.60	17.62	700		

表 2-1(续)

岩样编号	外直径/mm	高度/mm	密度/(g/cm³)	四因素五水平			
				内径/mm	加热温度/℃	养护水温/℃	循环次数/次
G3-1	49.30	30.13	2.58	17.80		10	
G3-2	49.34	30.24	2.56	17.48		25	
G3-3	49.21	29.98	2.58	17.74	400	40	1
G3-4	49.86	30.20	2.56	17.67		55	
G3-5	49.16	30.13	2.62	17.93		70	
G4-1	49.21	29.98	2.58	17.74			1
G4-2	49.83	30.48	2.54	17.54			3
G4-3	49.21	30.34	2.57	17.70	400	40	5
G4-4	49.20	29.29	2.66	17.72			7
G4-5	49.36	30.37	2.54	17.42			9

2.2 储能区圆环花岗岩温湿循环径向静载压缩试验结果

2.2.1 圆环岩样变形特征

为研究深层地热能开采过程中对高深井筒围岩变形特征的影响,开展温湿循环条件下圆环花岗岩径向压缩下变形特征的试验研究,探究圆环内径、养护水温、高温处理、采热循环次数四个主要因素对圆环花岗岩变形特征的影响。图 2-2 列出了各因素影响下典型的圆环花岗岩的荷载-位移曲线。

由图 2-2 可以看出,圆环花岗岩受径向压力作用时的荷载-位移曲线呈现两种典型的形态。一种类型是峰值前经历上凹段→直线段,峰值后出现两种情况,即断崖式下降段和非线性下降段→平台段→断崖式下降段,如图 2-2(a)中内径为 0 mm、6.35 mm、12.25 mm,图 2-2(c)中养护水温为 40 ℃,图 2-2(d)中采热循环次数为 1 次的荷载-位移曲线。另一种类型是峰值前经历直线段→平台段→近似直线段,峰值后也出现两种情况,断崖式下降段→平台段→断崖式下降段和非线性下降段,如图 2-2(b)中高温为 100 ℃、250 ℃,图 2-2(c)中养护水温为 10 ℃,图 2-2(d)中采热循环次数为 3 次、5 次、7 次、9 次的荷载-位移曲线。

图 2-2(a)中,当圆环内径较小时,荷载-位移曲线呈第一种类型变化。由于内径小,圆环内圆的可压缩变形量就小,在达到峰值荷载前,随径向荷载的增加,圆环内径沿荷载方向减小,导致曲线经历上凹阶段;当圆环内径减小到临界状态,继续加载时圆环花岗岩便产生弹性变形,此时荷载-位移曲线呈直线段;当荷载超出圆环岩样可承受的径向最大压力极限值时便发生脆性拉伸破坏,岩样失去径向承载能力,导致曲线断崖式下降。在达到峰值荷载后岩样出现非线性下降、平台段、断崖式下降段的原因是圆环内圆延缓了结构发生突然失稳。内圆的存在造成圆环岩样的破坏由内圆壁沿加载方向起裂,逐渐扩展到整个圆环岩样,损伤随荷载逐渐增加导致岩样径向承载能力逐渐降低。当圆环破裂成两块时,碎块由于未脱离承压板而共同抵抗径向荷载,一定程度上延缓了整个圆环岩样结构发生突然失稳破坏,当两

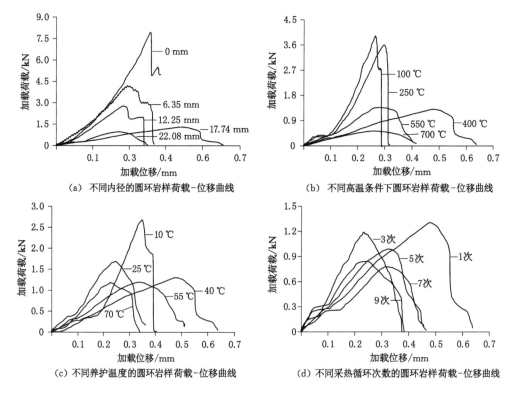

（a）不同内径的圆环岩样荷载-位移曲线

（b）不同高温条件下圆环岩样荷载-位移曲线

（c）不同养护温度的圆环岩样荷载-位移曲线

（d）不同采热循环次数的圆环岩样荷载-位移曲线

图 2-2　温湿循环条件下圆环花岗岩荷载-位移曲线

半圆环位移达到极限值时便产生二次破坏,此时圆环失去承载能力造成曲线断崖式下降。

图 2-2(b)至图 2-2(d)中,圆环花岗岩岩样在高温、水温养护、循环采热的影响下,径向荷载-位移曲线多呈第二种类型。高温、循环采热都导致岩石内部结构发生变化,产生一定损伤,这就造成其承受径向荷载的能力降低,体现在荷载-位移曲线上为初始阶段经历较短的直线段。同时,由于圆环岩样在径向荷载作用下沿加载方向向破裂成两半圆环岩样发展,此时圆环岩样与承压板的接触由线接触逐渐向面接触转变,且接触面积逐渐增大,从而出现平台段荷载-位移曲线。当接触面积增加到一定值后,两半圆环岩样共同抵抗径向荷载,此时荷载-位移曲线呈近似直线段。当荷载超出两半圆环岩样承载的极限时,荷载-位移曲线便出现断崖式下降段,由于两半圆环发生宏观破坏时存在时间差,因而造成断崖式下降段的中间出现短暂平台段。分析水温养护对圆环花岗岩变形特性的影响发现,水温养护一定程度上增强了圆环花岗岩的塑性,减小了圆环花岗岩突然裂碎的概率,在荷载-位移曲线上表现为峰值后呈现非线性下降的变化趋势。

2.2.2　峰值荷载变化规律

温湿循环条件下圆环花岗岩承受的径向压缩峰值荷载随圆环内径增大、加热温度升高、养护水温升高、采热循环次数增加总体上呈减小的趋势,如图 2-3 所示。

圆环花岗岩内径越大,在径向压缩荷载作用下,沿受力方向圆环壁上产生的拉伸应力就越大,垂直于受力方向圆环壁上的压缩应力集中也越明显,二者共同作用导致圆环花岗岩结构破坏速度加快,即峰值荷载随圆环花岗岩内径增大而减小,如图 2-3(a)所示。当高温处理圆环花岗岩时,其内部含有的水分逐渐蒸发,温度越高水分蒸发得越快,从而造成岩样内部

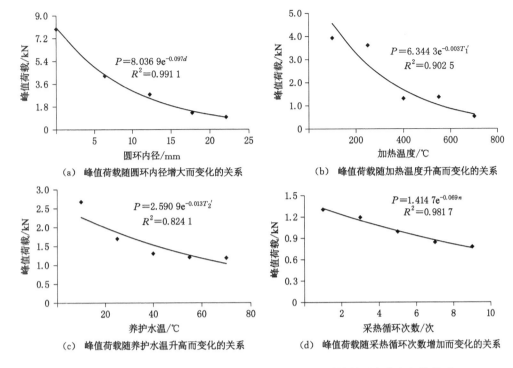

图 2-3　峰值荷载与圆环内径、加热温度、养护水温、采热循环次数之间的关系

孔隙率增大,同时温度越高岩石颗粒受热膨胀也越明显,导致颗粒之间结构热应力增强,促进新微裂纹萌发,最终导致花岗岩承径向荷载能力降低,如图 2-3(b)所示,峰值荷载随加热温度的升高而减小。将高温处理后的花岗岩置于水中时,其内部会浸入水分,水温越高,水分子的活动能力越强,浸入圆环花岗岩内部微裂纹的速度越快。在养护时间相同的条件下,养护水温越高,圆环花岗岩饱水程度就越高,也导致圆环花岗岩可承受径向荷载的极限值越低,如图 2-3(c)所示。高温处理、温水养护循环作用下,圆环花岗岩处于失水、饱水的循环环境中,同时岩石颗粒间的结构热应力也处于增强、减弱的循环状态下。每经历一次循环,圆环花岗岩都产生一定的损伤,循环次数越多,累积损伤程度也就越大。因此,圆环花岗岩承受径向压缩峰值荷载随采热循环次数的增加而减小,如图 2-3(d)所示。

进一步拟合分析图 2-3 中峰值荷载的变化规律,得出其随圆环内径、加热温度、养护水温、采热循环次数四因素变化呈指数函数关系,说明上述四因素对圆环花岗岩的结构强度影响程度相似,故可定义式(2-1)预测圆环花岗岩能承受的径向压缩峰值荷载:

$$P = a_0 e^{-b_0 x} \tag{2-1}$$

式中　P——圆环花岗岩承受的径向压缩峰值荷载;

　　　x——四因素变量;

　　　a_0,b_0——与圆环内径、加热温度、养护水温、采热循环次数有关的系数,可通过试验测定。

2.2.3　环壁应变变化规律

高深井筒发生破坏的最直接表现是井壁张拉或压缩位移超出井筒围岩承受的极限。通过分析温湿循环条件下圆环花岗岩环壁应变随加载时间的变化规律,可揭示高深井筒变形的机理。图 2-4 列出了四组不同影响因素下圆环花岗岩环壁应变随加载时间变化的规律。

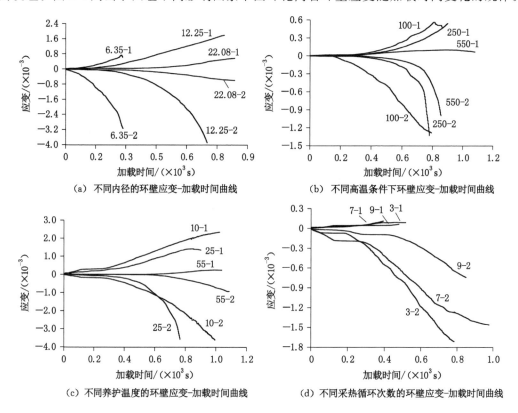

图 2-4　圆环花岗岩环壁应变随加载时间而变化的规律

(图中数字表示相应条件和应变位置,其中 1 表示沿加载方向环壁应变,2 表示垂直于加载方向环壁应变)

由图 2-4 可以看出,环壁应变随加载时间延长而逐渐增大,垂直于加载方向产生拉伸应变,平行于加载方向产生压缩应变,且拉伸应变大于压缩应变。该规律说明圆环花岗岩受径向压缩荷载作用时先产生拉伸破坏后产生压缩破坏,垂直于加载方向产生的拉伸应力是导致圆环花岗岩结构失稳破坏最直接的因素。

由图 2-4 还可以看出,环壁应变随圆环内径的增大、加热温度的升高、养护水温的升高以及采热循环次数的增加而减小。随着圆环花岗岩内径增大,岩样结构的脆性特征显现减弱,当径向压缩荷载作用时,岩样整体结构能承受的变形量较大,同时内径越大环壁离岩样中心越远,由弹性力学理论可知,远离圆盘中心处受压缩荷载产生的力学效应较弱,最终导致环壁应变相应减小。高温处理圆环花岗岩时,当温度升高时,岩样受热膨胀,内部失水孔隙增多,造成岩石损伤加重。浸入不同温度水中养护时,温度越高圆环花岗岩饱水程度越大,同样导致岩石抗径向荷载能力降低。采热循环次数越多,岩石经历损伤次数也越多,最终累积的损伤量也越大。因此,加热温度升高、养护水温升高以及采热循环次数增加,明显削弱了圆环花岗岩的强脆性特征。当采用位移施加径向荷载时,圆环花岗岩易产生压缩位移,此时采用同速率位移加载方式加载(加载速率为 0.02 mm/min),径向荷载增速较小,间接造成环壁应力增大速率变慢,环壁应变减小。

2.3 径向静载作用下储能圆环花岗岩破坏判据探讨

2.3.1 假设条件

岩石是地质作用的产物,其具有不连续、各向异性、不均匀等特性,这导致岩石的破坏判据研究难以实现,故需建立一定的假设条件来满足破坏判据的推导。基于圆环花岗岩的变形特性、破坏特征,提出以下假设:

(1)由于圆环花岗岩在径向荷载作用下脆性特征显现明显,假设圆环花岗岩受压破坏前后的横截面积维持不变。

(2)由于圆环花岗岩破裂面光滑、无明显错动,忽略径向荷载作用时岩石内部裂纹面之间的摩擦错动影响,假设岩样的破坏完全是由拉伸应力效应所导致的。

(3)当径向荷载作用下圆环花岗岩各部位产生拉应力效应时,假设拉应力与拉伸应变之间服从胡克定律。

(4)当圆环受压变形时,假设岩样呈椭圆趋势变形,且与岩样内椭圆同心椭圆处的变形是均匀的,产生的应变也是均匀的。

(5)当圆环岩样承受的径向荷载达到峰值时,假设圆环岩样结构发生破坏。

2.3.2 破坏判据

在假设(1)~(5)的基础上,可由弹性理论推演出圆环花岗岩内任一点产生的应变,将其与花岗岩能承受的最大拉伸应变比较便可推演出圆环花岗岩的破坏判据。图 2-5 为圆环花岗岩在径向荷载作用下的变形示意图。

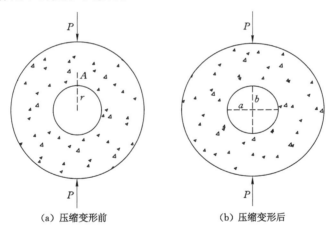

(a) 压缩变形前　　　　　　　　　(b) 压缩变形后

P—径向压缩荷载;A—圆环内任一点;r—点 A 距圆环内圆心的距离;a,b—变形后椭圆环的长半轴长和短半轴长。

图 2-5　圆环花岗岩径向压缩变形结构示意图

基于假设(1)和假设(4),压缩变形后圆环花岗岩的横截面积不变,且由圆形变为椭圆形,可得:

$$S_A = \pi r^2 = \pi a(r - u) \tag{2-2}$$

式中　S_A——过点 A 的横截面积;

　　　u——压缩位移;

a——岩样变形后过点 A 的椭圆的长半轴长;

r——点 A 距圆环内圆心的距离。

基于假设(3)和假设(4),通过变形后过点 A 且与内椭圆同心的椭圆周长和变形前过点 A 的圆周长之差可估算出点 A 处的平均变形量,进一步可推演出该点的应变值,即

$$\varepsilon_A = \frac{L_2 - L_1}{L_1} \tag{2-3}$$

式中 ε_A——点 A 处的应变;

L_1——压缩变形前过点 A 圆的周长;

L_2——压缩变形后过点 A 椭圆的周长。

由式(2-2)和式(2-3)可得:

$$\varepsilon_A = \frac{4ru - 2u^2 - \pi ru + \pi u^2}{\pi r(r - u)} \tag{2-4}$$

基于假设(3),圆环花岗岩材质服从胡克定律,可得花岗岩的抗拉强度 σ_t 与拉伸应变 ε 和弹性模量 E 之间的关系为:

$$\sigma_t = E\varepsilon \tag{2-5}$$

由巴西圆盘劈裂试验可间接测出花岗岩的抗拉强度,其计算公式为:

$$\sigma_t = -\frac{2P_{max}}{\pi \varphi h} \tag{2-6}$$

式中 P_{max}——施加的最大荷载;

φ——试样的直径;

h——试样的厚度。

将式(2-5)代入式(2-6),可得点 A 处可承受的最大拉伸应变值:

$$\varepsilon_{max} = \frac{2P_{max}}{\pi \varphi h E} \tag{2-7}$$

基于假设(5),分析圆环花岗岩在径向荷载作用下点 A 处产生的拉伸应变,便可判断圆环花岗岩是否发生破坏,判别公式为:

$$\begin{cases} \dfrac{4ru - 2u^2 - \pi ru + \pi u^2}{\pi r(r - u)} > \dfrac{2P_{max}}{\pi \varphi h E} & (发生破坏) \\ \dfrac{4ru - 2u^2 - \pi ru + \pi u^2}{\pi r(r - u)} \leqslant \dfrac{2P_{max}}{\pi \varphi h E} & (不发生破坏) \end{cases} \tag{2-8}$$

2.3.3 试验验证

基于建立的圆环花岗岩破坏判据,采用径向位移加载速率为 0.02 mm/min 的巴西劈裂试验方法测出花岗岩的拉伸弹性模量及抗拉强度,由式(2-7)可计算出花岗岩能承受的最大拉伸应变,然后由式(2-8)可判断圆环花岗岩在径向压缩荷载作用下何时发生破坏。

为验证建立的圆环花岗岩破坏判据的合理性,选取加热温度为 400 ℃,养护水温为 40 ℃,圆环内径分别为 6.35 mm、12.25 mm、17.74 mm、22.08 mm 的一组试验进行验证。破坏判据公式(2-8)中的半径 r 取圆环内径,压缩位移 u 取峰值压缩荷载对应的压缩位移,拉伸弹性模量采用巴西圆盘中间垂直于压缩荷载粘贴应变片的方法测定。试验加载后巴西圆盘的破裂模式见图 2-6。

由图 2-6 可以看出,试样沿应变片中间破裂成两块,说明测得的应变近似等于花岗岩的

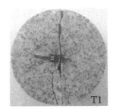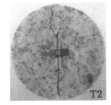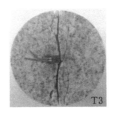

图 2-6 巴西圆盘劈裂破坏模式

拉伸应变,因此可利用胡克定律算出花岗岩的拉伸弹性模量,见表 2-2。

表 2-2 巴西圆盘劈裂试验结果

岩样编号	加热温度/℃	养护温度/℃	抗拉强度/MPa	拉伸弹性模量/GPa
T1			3.27	8.12
T2	400	40	3.32	6.78
T3			3.05	7.94
均值			3.21	7.61

将表 2-2 中花岗岩的平均抗拉强度、拉伸弹性模量代入式(2-8),得到的验证关系见图 2-7。

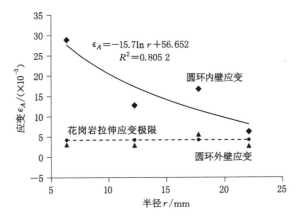

图 2-7 圆环花岗岩破坏判据试验验证结果

图 2-7 中,采用圆环花岗岩径向峰值荷载对应的压缩位移验证圆环内壁、外壁拉伸应变与花岗岩能承受的最大拉伸应变之间的关系。由图 2-7 可以看出,圆环内壁应变大于花岗岩拉伸应变极限,圆环外壁应变总体而言小于花岗岩的拉伸应变极限,该现象说明圆环花岗岩此时已经发生了宏观破坏,且破坏是由圆环内壁开始的。试验验证的结果与径向压缩荷载作用下圆环花岗岩先沿加载方向由内壁起裂,向外壁扩展,然后垂直于加载方向由外壁起裂向内壁扩展,产生拉伸破坏的结果一致,说明建立的圆环花岗岩结构的破坏判据是合理的。

2.4　本章小结

基于水热型地热能开采井筒围岩所处的工程环境,开展温湿循环条件下圆环花岗岩受径向压缩荷载作用时的力学特征试验研究,得出如下结论:

(1)内径、高温、养护水温、采热循环次数的不同造成圆环花岗岩产生不同的变形特征,峰值前的荷载-位移曲线出现上凹→直线、直线→平台→近似直线两种现象,峰值后出现断崖式下降、非线性下降→平台→断崖式下降、断崖式下降→平台→断崖式下降、非线性下降四种现象。

(2)圆环花岗岩能承受的峰值荷载随内径增大、加热温度升高、养护水温升高、采热循环次数增加而减小。

(3)基于圆环花岗岩的变形、破坏特征,发现采用最大拉伸应变可判定圆环花岗岩的结构破坏,从而建立了相应的破坏判据并进行了试验验证。

3 储能区圆环花岗岩受径向冲击荷载作用时的力学特性

深层地热能是一种清洁可再生的新能源,开发利用深层地热能是解决能源危机的希望,但如何安全、高效、可持续开采深层地热能是当今亟待解决的难题[107-108]。目前,地热能开采的方法主要有地热单井换热、CO_2 地质封存和增强地热一体化开采、基于地质构造双井循环开采等[109-111],但这些方法都需要钻凿高深井筒。已知高温、冲击扰动条件下岩石的力学特性对提高深层地热能开采的效率有重要影响。部分学者探索了圆环岩样在径向压缩荷载作用下的力学特征,发现圆环岩样能承受的径向最大荷载随内径的增大而减小,随内圆偏心距的增大而增大,且不同含水程度也会影响圆环岩样抗径向压缩荷载能力[112-114],但以上研究忽略了热冲击、钻凿振动等扰动的影响。在上述研究基础上,基于地热能开采井、回灌井所处的环境,开展液-固-热耦合作用下圆环花岗岩径向冲击荷载作用时的力学试验研究,建立预测圆环岩样动态破坏的判据,为寻求延长地热井服务年限的方法提供理论参考。

3.1 储能区圆环花岗岩径向冲击荷载试验

3.1.1 岩样制备

试验用花岗岩取自埋深约为 500 m 处的花岗岩体,为开展液-固-热耦合作用下圆环花岗岩径向冲击荷载作用时的力学特性试验研究,将完整性、均质性好的花岗岩岩块加工成厚为 30 mm、直径为 50 mm 的圆柱体试件和内径分别约为 6 mm、12 mm、18 mm、22 mm,外径为 50 mm,高为 30 mm 的圆环试件。同时,为精确测得花岗岩试件在径向冲击荷载作用下两端面的应变,严格按照岩石力学试验岩样加工要求,将岩样两端面仔细打磨,确保其不平行度与不垂直度都小于 0.02 mm。

3.1.2 试验装置

试验测试系统由 SHPB 冲击力学试验系统、VIC-3D 非接触全场应变测量系统组成,其实物图见图 3-1。

SHPB 冲击力学试验系统用来开展径向冲击荷载压缩试验,其入射杆、透射杆长度都为 3 m,子弹长度为 0.4 m。VIC-3D 非接触全场应变测量系统用来测量压缩过程中圆环花岗岩端面的应变。试验系统同时配备 DH8302 高性能动态应变仪,用来测量试验过程中圆环花岗岩另一端面垂直于径向冲击荷载、沿径向冲击荷载内环壁的应变。

3.1.3 试验方案

液-固-热耦合作用下圆环花岗岩径向冲击压缩试验目的是揭示深井循环开采地热能时井筒围岩受钻凿、地震波等动态扰动时的损伤破坏机理。试验以花岗岩为研究对象,考虑水

（a）SHPB冲击力学试验系统　　　　（b）VIC-3D非接触全场应变测量系统

图 3-1　圆环花岗岩径向冲击力学试验系统

平应力是导致高深井筒围岩破坏的主要因素,取井筒断面、岩体温度、介质水温、循环采热次数四个主要影响因素开展井筒围岩损伤破坏机理研究。试验中以高温处理的花岗岩、圆环岩样内圆、养护水温、加热-养护循环次数分别模拟深层地热能开采时的高温岩体、高深井筒断面、回灌介质水温、循环采热次数,以径向冲击荷载模拟钻凿、地震等产生的动态扰动。高温处理以 2 ℃/min 的加热速率将岩样加热至设定温度后维持 2 h;水温养护将加热后的高温岩样在自然状态下降温至设定的温度后浸入同温度水中养护 1 h;高温处理-水温养护一次定为一次循环采热。由于试验涉及四个因素,当每个因素取五个水平研究时,涉及的试验数据较多,基于深层地热能开采的工程概况,本章选取一组典型的试验方案进行研究,详见表 3-1。

表 3-1　液-固-热耦合作用下圆环花岗岩径向冲击试验方案

岩样编号	外径/mm	厚度/mm	密度/(g/cm³)	四因素五水平			
				内径/mm	加热温度/℃	养护水温/℃	循环次数/次
GD1-1	49.88	30.48	2.60	0.00			
GD1-2	49.79	30.93	2.61	6.25			
GD1-3	49.41	30.36	2.62	11.71	400	40	1
GD1-4	49.17	30.08	2.57	17.53			
GD1-5	49.15	30.32	2.58	22.39			
GD2-1	49.80	30.11	2.51	17.82	100		
GD2-2	49.88	29.86	2.58	17.93	250		
GD2-3	49.17	30.08	2.57	17.53	400	40	1
GD2-4	49.35	30.26	2.57	17.79	550		
GD2-5	49.29	30.05	2.57	17.67	700		
GD3-1	49.86	30.13	2.61	17.97		10	
GD3-2	49.27	30.23	2.58	17.48		25	
GD3-3	49.17	30.08	2.57	17.53	400	40	1
GD3-4	49.17	30.00	2.62	18.25		55	
GD3-5	49.15	30.13	2.63	18.31		70	

表 3-1(续)

岩样编号	外径/mm	厚度/mm	密度/(g/cm³)	四因素五水平			
				内径/mm	加热温度/℃	养护水温/℃	循环次数/次
GD4-1	49.17	30.08	2.57	17.53			1
GD4-2	49.09	30.17	2.63	18.08			3
GD4-3	49.17	29.95	2.61	17.74	400	40	5
GD4-4	49.15	29.81	2.63	18.39			7
GD4-5	49.00	30.31	2.63	18.01			9

3.1.4 试验原理

采用 SHPB 冲击力学试验系统开展液-固-热耦合作用下冲击压缩试验研究,其加载方式见图 3-2。

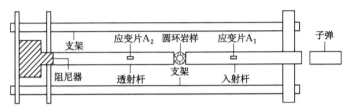

图 3-2 SHPB 冲击力学试验系统加载方式

受径向冲击荷载作用时,圆环花岗岩受力变形示意图见图 3-3。

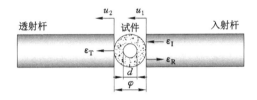

图 3-3 圆环花岗岩受径向冲击荷载作用时受力变形示意图

如图 3-3 所示,定义入射杆和圆环岩样接触面为端面 1,透射杆和圆环岩样接触面为端面 2,ε_I、ε_R、ε_T 分别表示入射波、反射波、透射波引起入射杆、透射杆产生的动态应变;u_1、u_2 为入射杆、透射杆两端面产生的位移。根据一维弹性波理论,同时考虑冲击加载的时间,可得两端面处的冲击荷载分别为:

$$F_1(t) = EA[\varepsilon_I(t) - \varepsilon_R(t)] \tag{3-1}$$

$$F_2(t) = EA\varepsilon_T(t) \tag{3-2}$$

式中　$F_1(t)$,$F_2(t)$——入射杆、透射杆岩样接触面 t 时刻的冲击荷载;

　　　E——弹性模量;

　　　A——杆件横截面积。

圆环花岗岩两端的平均冲击荷载 $F(t)$ 便可用式(3-3)表示:

$$F(t) = \frac{F_1(t) + F_2(t)}{2} = \frac{EA[\varepsilon_I(t) - \varepsilon_R(t) + \varepsilon_T(t)]}{2} \tag{3-3}$$

利用半正弦波加载于与 SHPB 弹性杆(入射杆和透射杆)直径相同的岩样,岩样两端可以达到受力平衡状态的原理,引入平衡性假设,即

$$\varepsilon_T(t) - \varepsilon_I(t) + \varepsilon_R(t) = 0 \qquad (3\text{-}4)$$

将式(3-4)代入式(3-3)可得冲击加载试验过程中圆环花岗岩岩样承受的平均冲击荷载,即

$$F(t) = EA\varepsilon_T(t) \qquad (3\text{-}5)$$

3.2 储能区圆环花岗岩径向冲击荷载试验结果

3.2.1 动态变形特征

深层地热能开采时,高深井筒围岩不仅处于液-固-热耦合作用的环境中,还受热冲击、地震波冲击、钻凿振动冲击的影响。本章基于高深井筒围岩所处的工程环境,开展液-固-热耦合作用下径向冲击试验,研究圆环花岗岩的变形特征。图 3-4 列出了内径、加热温度、养护水温、采热循环次数不同时典型的液-固-热耦合作用下圆环花岗岩的冲击荷载-应变曲线。

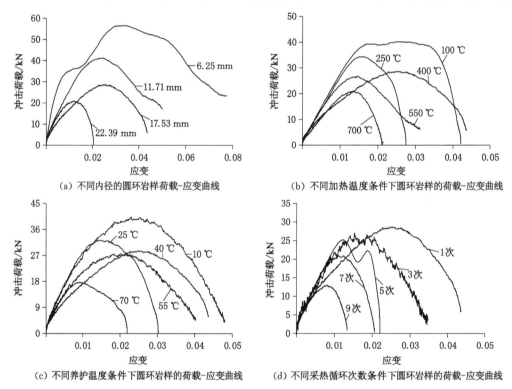

(a) 不同内径的圆环岩样荷载-应变曲线　　(b) 不同加热温度条件下圆环岩样的荷载-应变曲线

(c) 不同养护温度条件下圆环岩样的荷载-应变曲线　　(d) 不同采热循环次数条件下圆环岩样的荷载-应变曲线

图 3-4　液-固-热耦合作用下圆环花岗岩冲击荷载-应变曲线

由图 3-4 可以看出,液-固-热耦合作用下圆环花岗岩冲击荷载-应变曲线总体呈非线性变化,说明圆环内径、加热温度、养护水温、采热循环次数对圆环花岗岩的变形特性影响程度较小。分析圆环花岗岩的冲击荷载-应变曲线特征,总体上可将曲线划分为直线段、屈服段、峰后段。曲线初始阶段为直线段,说明冲击荷载作用初期圆环花岗岩产生弹性变形。冲击

荷载作用时,圆环内环壁上的应力效应较大,冲击的瞬间圆环花岗岩内部微裂纹来不及闭合,整个圆环结构便产生沿冲击方向发展的微裂纹,最终导致冲击荷载-应变曲线初始阶段为短暂的直线段,而不是上凹段。圆环花岗岩受冲击荷载作用时,经历短暂的弹性变形阶段便直接进入损伤阶段,沿冲击荷载方向新萌发的裂纹先贯通,垂直于冲击荷载方向新萌发的裂纹后贯通,使得冲击荷载-应变曲线表现为非线性上升。当冲击荷载达到圆环花岗岩抗动态冲击荷载峰值时,圆环花岗岩便产生宏观破坏。由于冲击荷载作用时间短,圆环岩样结构的韧性可延缓部分冲击作用,使岩样在冲击荷载作用下的脆性减弱,塑性增强,冲击荷载-应变曲线表现为非线性下降,而非断崖式下降。

由图 3-4 还可以看出,在部分条件下,圆环花岗岩冲击荷载-应变曲线出现畸变现象。如图 3-4(a)中圆环内径为 6.25 mm 时,曲线峰值前出现平台段,图 3-4(d)中循环采热次数为 5 次时,曲线出现两个峰值,且第一个峰值大于第二个峰值。冲击荷载-应变曲线峰值前出现平台段的原因是,圆环岩样在径向冲击荷载作用下沿冲击方向裂纹贯通,形成破裂面,圆环岩样沿冲击荷载方向向破裂成两半圆环岩样发展,此时圆环岩样与入射杆、透射杆的接触由线接触逐渐转变为面接触,且接触面积逐渐增大,径向应变出现短暂骤增。冲击荷载-应变曲线出现两个峰值的原因是,岩样先破裂成两个半圆环,且两半圆环在冲击荷载作用过程中未及时脱离入射杆和透射杆,此时两半圆环共同抵抗冲击荷载,出现第二个冲击荷载峰值。由于完整花岗岩圆环岩样内部损伤远小于冲击破裂后的两半圆环花岗岩,冲击荷载-应变曲线则表现为第二峰值荷载小于第一峰值荷载。

3.2.2 动态峰值荷载变化规律

液-固-热耦合作用下圆环花岗岩受径向冲击荷载作用时能承受的最大冲击荷载可反映圆环岩样结构的抗冲击能力。至于圆环岩样的结构强度,目前的计算公式都是基于弹性力学理论推演的,其中静态力学中的巴西圆盘试验强度计算公式[式(3-6)]和霍布斯提出的圆环巴西试验抗拉强度计算公式[式(3-7)]普遍得到认可。为研究液-固-热耦合条件下圆环岩样的抗冲击能力,引用式(3-6)和式(3-7)计算圆环岩样的动态抗冲击强度[以下将式(3-6)计算的强度称为巴西强度,将式(3-7)计算的强度称为霍布斯强度]。

$$\sigma_{1d} = \frac{2F}{\pi \varphi h} \tag{3-6}$$

$$\sigma_{2d} = \frac{2F}{\pi \varphi h}\left(6 + \frac{38r^2}{R^2}\right) \tag{3-7}$$

式中　F——径向压缩荷载;

　　　φ——岩样外径;

　　　h——岩样厚度;

　　　R,r——圆环岩样外圆半径和内圆半径。

试验演算得到的巴西强度、霍布斯强度、冲击峰值荷载随圆环内径、加热温度、养护水温、采热循环次数变化而变化的规律如图 3-5 所示。

由图 3-5 可以看出,霍布斯强度、冲击峰值荷载、巴西强度均随圆环花岗岩内径增大、加热温度升高、养护水温升高、采热循环次数增加而减小,且同一条件下霍布斯强度远大于巴西强度。两个强度计算公式都是基于弹性理论推演的,巴西强度表示未考虑圆环内径影响时冲击加载方向圆环轴线上的动态拉伸应力,而霍布斯强度考虑了圆环内径的影响,内圆的

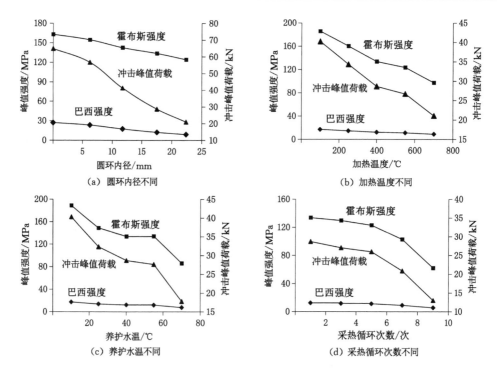

图 3-5　霍布斯强度、巴西强度和冲击峰值荷载随圆环内径、加热温度、
养护水温、采热循环次数增加而变化的规律

存在造成环壁上的应力集中效应明显,从而导致霍布斯强度大于巴西强度,从二者的计算公式也可得到该结论。花岗岩圆环内径越大,径向冲击荷载作用下,沿加载方向的圆环壁上产生的动态拉伸应力效应越明显,垂直于加载方向的圆环壁上的动态压缩应力效应也越显著,二者共同作用导致圆环花岗岩结构破坏速度加快,抗动态冲击荷载的能力减弱,即霍布斯强度、冲击峰值荷载、巴西强度随圆环内径的增大而减小,如图 3-5(a)所示。当高温处理圆环花岗岩时,其内部含有的水分逐渐蒸发,温度越高水分蒸发得越快,从而造成岩样内部孔隙率增大,同时温度越高岩石颗粒受热膨胀也越明显,导致颗粒之间结构热应力增强,促进新的微裂纹萌发,径向冲击荷载作用时沿冲击方向和垂直于冲击方向的拉伸裂纹贯通难度降低,使圆环花岗岩承受径向冲击荷载的能力降低,如图 3-5(b)所示。将高温处理后的花岗岩置于水中时,其内部会浸入水分,水温越高,水分子的活动能力越强,浸入圆环花岗岩内部微裂纹的速度越快。在养护时间相同的条件下,养护水温越高,圆环花岗岩的饱水程度就越高,从而造成圆环花岗岩承受径向冲击荷载的能力降低,如图 3-5(c)所示。高温处理、温水养护循环作用下,圆环花岗岩处于失水、饱水的循环环境中,同时岩石颗粒间的结构热应力也处于增强、减弱的循环状态下。每经历一次循环,圆环花岗岩都产生一定的损伤,循环次数越多,累积损伤的程度也就越大。因此,当圆环花岗岩承受多次采热循环次数影响时,其抗径向冲击荷载的能力也降低,如图 3-5(d)所示。

3.2.3　环壁应变变化规律

高深井筒发生破坏的最直接表现是井壁张拉或压缩位移超过井筒围岩承受的极限。通过分析液-固-热耦合作用下圆环花岗岩环壁动态应变随加载时间的变化规律,可揭示圆环花岗岩损伤破坏的机理,进一步为研究高深井筒围岩受冲击扰动变形破坏的机制提供参考。图 3-6 列出了四组不同影响因素下圆环花岗岩入射端、透射端、下端环壁动态应变随加载时间变化的规律。

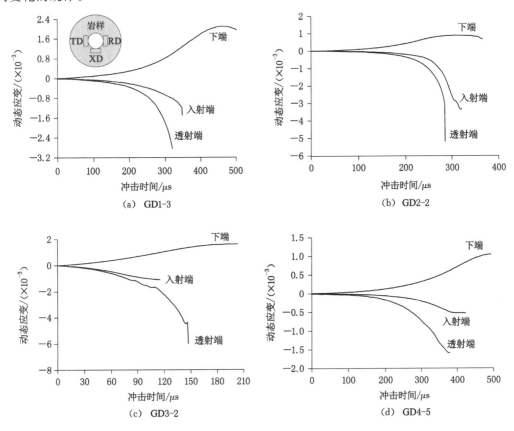

图 3-6　圆环花岗岩入射端、透射端、下端环壁动态应变随加载时间而变化规律
(图中为表达方便,负值表示拉伸应变,正值表示压缩应变;RD、TD、XD 分别表示岩样入射端、透射端和下端)

由图 3-6 可以看出,圆环花岗岩环壁入射端、透射端、下端的应变随冲击加载时间的延长而增大,且环壁入射端、透射端产生垂直于冲击方向的拉伸应变,环壁下端产生平行于冲击方向的压缩应变。对比拉伸应变值与压缩应变值,发现二者差值不大,由于岩石抗压能力远高于抗拉能力,可得冲击荷载作用下圆环花岗岩先沿冲击加载方向产生拉伸破坏,进一步认为垂直于冲击方向产生的动态拉伸应力效应是导致圆环花岗岩结构失稳的最直接因素。

由图 3-6 还可以看出,圆环内径、加热温度、养护水温、采热循环次数各条件不同时,圆环花岗岩环壁下端的压缩应变终值滞后于入射端、透射端拉伸应变的终值,说明花岗岩环壁下端破坏滞后于环壁的入射端、透射端,再次说明冲击荷载作用下圆环花岗岩先沿冲击方向产生宏观破裂面,再沿垂直于冲击方向形成贯通破裂面。同时还发现冲击加载时间相同时,环壁透射端的拉伸应变大于入射端,透射端拉伸应变也超前达到终值,该现象说明冲击荷载作用下沿冲击方向圆环花岗岩的透射端先产生拉伸破坏,入射端的破坏滞后于透射端。究其原因,环壁入射端受冲击应力波作用时伴随入射应力波和反射应力波,入射应力波为压缩波,反射应力波为拉伸波,二者共同作用在环壁入射端,延缓了张拉微裂纹的萌发、扩展及贯通,而透射端产生的透射波为拉伸应力波,促进拉伸裂纹的萌发、扩展、甚至贯通。

3.3 径向冲击荷载作用下储能圆环花岗岩破坏判据探讨

3.3.1 假设条件

如前所述,岩石的破坏判据研究难度较大,须建立一定的假设条件来辅助破坏判据的推导。基于液-固-热耦合作用下圆环花岗岩受径向冲击荷载作用时的变形特性、破坏特征,提出以下假设:

(1)由于圆环花岗岩在径向冲击荷载作用瞬间便发生宏观破坏,假设圆环花岗岩受冲击破坏前后的横截面积维持不变。

(2)假设圆环花岗岩具有弹性特性,其各力学参数可用弹性公式进行推导。

(3)径向冲击荷载作用下圆环花岗岩发生破坏的直接因素是沿冲击方向和垂直于冲击方向产生的拉伸应力效应,假设拉应力与拉伸应变之间服从胡克定律。

(4)当圆环受冲击变形时,假设岩样呈椭圆趋势变形,且与岩样内椭圆同心椭圆处的变形是均匀的,产生的应变也是均匀的。

(5)当圆环岩样承受的径向冲击荷载达到峰值时,假设圆环岩样结构发生破坏。

3.3.2 破坏判据推演

在假设条件(1)~(5)的基础上,可借助弹性理论推演圆环花岗岩内任一点产生的动态应变,将其与花岗岩能承受的最大动态拉伸应变比较便可推演径向冲击荷载作用下圆环花岗岩的破坏判据。图 3-7 为圆环花岗岩在径向冲击荷载作用下的动态变形示意图。

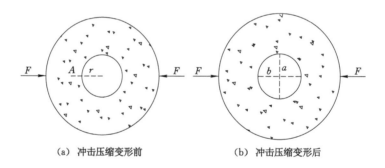

（a）冲击压缩变形前　　　　　　　（b）冲击压缩变形后

F—径向冲击荷载;A—圆环内任一点;r—点 A 距圆环内圆心的距离;

a,b—冲击变形后椭圆环的长半轴长和短半轴长。

图 3-7　圆环花岗径向冲击压缩变形结构示意图

基于假设(1)和假设(4),冲击压缩变形后圆环花岗岩的横截面积保持不变,且由圆形向椭圆形变化,可得:

$$S_A = \pi r^2 = \pi a \left(r - \frac{u}{2} \right) \tag{3-8}$$

式中　S_A——过点 A 的横截面积;

u——冲击压缩位移；

a——岩样冲击变形后过点 A 的椭圆的长半轴长；

r——过点 A 的圆的半径。

基于假设(3)和假设(4)，冲击压缩变形后过点 A 且与内椭圆同心的椭圆周长和冲击压缩变形前过点 A 的圆周长之差可认为是冲击荷载作用前过点 A 的圆的动态变形量，进一步可推演冲击荷载作用后点 A 处的应变，即

$$\varepsilon_A = \frac{L_2 - L_1}{L_1} \tag{3-9}$$

式中 ε_A——点 A 处的应变；

L_1——冲击压缩变形前过点 A 的圆的周长；

L_2——冲击压缩变形后过点 A 的椭圆的周长。

由式(3-8)和式(3-9)可得：

$$\varepsilon_A = \frac{8ru - 2u^2 - 2\pi ru + \pi u^2}{2\pi r(2r - u)} \tag{3-10}$$

基于假设(3)，花岗岩材质服从胡克定律，可认为花岗岩的动态抗拉强度 σ_{dt} 与动态拉伸应变 ε_d 和动态拉伸弹性模量 E_d 之间的关系为：

$$\sigma_{dt} = E_d \varepsilon_d \tag{3-11}$$

由动态巴西圆盘拉伸强度公式可间接算出花岗岩的动态抗拉强度，其计算公式为：

$$\sigma_{dt} = -\frac{2F_{max}}{\pi \varphi h} \tag{3-12}$$

式中 F_{max}——施加的最大冲击荷载；

φ——试样的直径；

h——试样的厚度。

将式(3-11)代入式(3-12)，可得点 A 处可承受的最大拉伸应变值：

$$\varepsilon_{dmax} = \frac{2F_{max}}{\pi \varphi h E_d} \tag{3-13}$$

分析圆盘花岗岩在径向冲击荷载作用下点 A 处产生的动态拉伸应变，便可判断圆环花岗岩是否发生破坏，判别公式为：

$$\begin{cases} \dfrac{8ru - 2u^2 - 2\pi ru + \pi u^2}{2\pi r(2r - u)} > \dfrac{2F_{max}}{\pi \varphi h E_d} （发生破坏） \\[3mm] \dfrac{8ru - 2u^2 - 2\pi ru + \pi u^2}{2\pi r(2r - u)} \leqslant \dfrac{2F_{max}}{\pi \varphi h E_d} （不发生破坏） \end{cases} \tag{3-14}$$

3.3.3 破坏判据参数测定

分析冲击荷载作用下圆环花岗岩的破坏判据，准确测得花岗岩的动态抗拉强度、动态拉伸弹性模量是关键。试验中于巴西劈裂圆盘中心粘贴应变片，然后施加垂直于应变片的冲击荷载，将应变片测得的应变作为冲击荷载作用下花岗岩产生的动态拉伸应变。冲击荷载为最大值时，式(3-12)计算的值即为花岗岩的动态抗拉强度。冲击加载后巴西圆盘的破坏模式见图3-8。

由图3-8可以看出，三个圆盘岩样均破裂成两块，破裂面贯穿应变片，说明冲击荷载作用下圆盘岩样产生的是动态拉伸破坏，应变片测得的应变是动态拉伸应变，根据胡克定律可

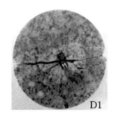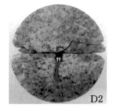

图 3-8 巴西圆盘动态劈裂破坏模式

算出花岗岩的动态拉伸弹性模量,试验测得破坏判据参数结果见表 3-2。

表 3-2 破坏判据参数试验测定结果

岩样编号	加热温度/℃	养护温度/℃	动态抗拉强度/MPa	动态拉伸弹性模量/GPa
D1			25.19	18.13
D2	400	40	26.37	20.69
D3			24.95	17.28
均值			25.50	18.70

3.3.4 试验验证

为验证建立的冲击荷载作用下圆环花岗岩破坏判据的合理性,选取圆环内径分别为 6.25 mm、11.71 mm、17.53 mm、22.39 mm 的一组圆环花岗岩进行验证。试验条件为:加热温度为 400 ℃,养护水温为 40 ℃。由于冲击荷载作用下圆环花岗岩沿冲击方向由内径端起裂,逐渐扩展至圆环外圆侧面,如果建立的破坏判据可以判定冲击方向圆环内环壁的破坏,则可证明该判据的合理性。将测得的加热温度为 400 ℃,养护水温为 40 ℃条件下的花岗岩的平均动态抗拉强度、动态拉伸弹性模量代入式(3-14),同时式(3-14)中的半径 r 取圆环内半径和圆环外半径两个极值,冲击压缩位移取动态峰值荷载对应的位移,其计算公式为:

$$u = -2 \int_0^t C \varepsilon_R \mathrm{d}t \qquad (3-15)$$

式中 C——入射杆的纵波波速;

ε_R——入射杆上应变片测得的反射波应变;

t——施加冲击荷载过程中最大峰值荷载对应的时间。

将所得验证参数代入式(3-14)获得的验证关系见图 3-9。

由图 3-9 可以看出,圆环内壁应变和圆环外壁应变均大于花岗岩动态拉伸应变的极限,但圆环外壁应变小于圆环内壁应变,该现象说明圆环花岗岩此时已经发生了宏观破坏,且破坏是由圆环内壁开始的。试验验证的结果与径向冲击压缩荷载作用下圆环花岗岩先沿冲击方向由内壁起裂向外壁扩展,然后沿垂直冲击方向由外壁起裂向内壁扩展,产生动态拉伸破坏的结果一致,说明建立的圆环花岗岩结构的动态破坏判据是合理的。

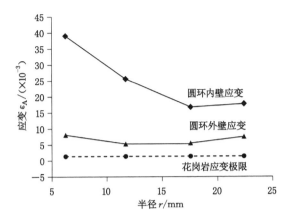

图 3-9 圆环花岗冲击破坏判据试验验证结果

3.4 本章小结

基于水热型地热能开采井筒围岩受热冲击、地震波冲击、钻凿振动冲击影响的工程背景,开展液-固-热耦合作用下圆环花岗岩受径向冲击荷载作用时的力学特征试验研究,得出如下结论:

(1)圆环内径、加热温度、养护水温、采热循环次数对圆环花岗岩的变形特性影响较小,其冲击荷载-应变曲线呈三段式变化,即初始短暂直线段、非线性上升屈服段、峰后非线性下降段。

(2)圆环花岗岩的霍布斯强度、冲击峰值荷载、巴西强度均随圆环花岗岩内径增大、加热温度升高、养护水温升高、采热循环次数增加而减小,且同条件下霍布斯强度远大于巴西强度,说明圆环内径是影响岩样抗冲击能力的主要因素,环壁的拉伸应力集中效应明显。

(3)基于径向冲击荷载作用下圆环花岗岩的变形破坏特征,建立了圆环花岗岩的最大动态拉伸应变破坏判据,同时采用巴西圆盘试验测得花岗岩动态拉伸应变、抗拉强度、拉伸弹性模量代入破坏判据,验证建立的破坏判据是合理的。

4 圆环花岗岩受径向荷载作用时的动静态损伤破坏机制

深层地热能开采时储能区井筒围岩受高温、不同温度介质水流、热应力冲击扰动等影响，其损伤破坏机理也与上述因素息息相关。为揭示储能区井筒围岩的损伤破坏机理，以储能花岗岩为研究对象，在假设水平应力是导致储能区井筒围岩破坏的主要因素的基础上，结合深层地热能开采时储能区井筒围岩的工程环境开展试验研究。试验主体思路是以高温处理、定温水养护、加热-养护次数分别模拟储能区井筒围岩面临的高温、介质水、循环采热次数，以冲击荷载模拟热应力效应等产生的动力扰动。静载试验采用加载速率为 0.02 mm/min 的位移加载方式加载；冲击动载试验采用常温下巴西圆盘冲击破坏的气压值(0.2 MPa)施加冲击荷载，以确保一次冲击下圆环岩样发生破坏。试验结果揭示了圆环花岗岩的变形特性、损伤历程和最终破坏模式及特征，以此为基础建立相应的破坏判据，为预防地热储能区井筒围岩的损伤破坏提供理论依据。

4.1 储能区圆环花岗岩受径向静压时的损伤演化规律

4.1.1 圆环花岗岩损伤变形荷载-位移曲线特征

分析 2.2.1 节圆环岩样的变形特征可得，当圆环花岗岩内径越大、加热温度越高、养护水温越高、采热循环次数越多时，圆环花岗岩能承受的极限荷载越低，说明处理后的岩样内部已经产生了一定的损伤。分析荷载-位移曲线的变化特征发现，峰值荷载前常出现上凹段、平台段、直线段、非线性段几种情况，峰值荷载后出现断崖式下降段，且断崖坡度有减缓的趋势。为阐述圆环花岗岩结构的损伤破坏机制，逐段分析并总结荷载-位移曲线的特征。圆环花岗岩的荷载-位移一般特征曲线见图 4-1。

初始上凹阶段(OA 段)：该阶段曲线较短，呈上凹趋势，其原因有二，一是圆环花岗岩在径向荷载作用下内部出现拉伸微裂纹萌发的趋势，径向压缩位移增速加快；二是圆环岩样内圆产生了压缩变形，进一步促进了压缩位移的增大。该现象反映了圆环花岗岩在径向荷载作用下初始阶段损伤速度缓慢，且变形能力较强。

短暂直线段(AB 段)：该阶段曲线近似呈直线，说明圆环花岗岩经历了短暂的弹性变形，且起主导作用的是圆环岩样内圆的让压性质。

缓慢上升类平台阶段(BC 段)：该阶段曲线上升缓慢，近似水平发展，该趋势反映了圆环花岗岩短暂的应变软化特征，由于岩样承受荷载面积增大及内圆变形速度稳定，产生了对外界荷载的让压现象。

近似直线段(CD 段)：该阶段曲线的长度远大于 AB 段，直接反映了圆环花岗岩结构的承载能力，也揭示了径向荷载作用下岩样内部的损伤累积速度稳定，未出现突增现象。

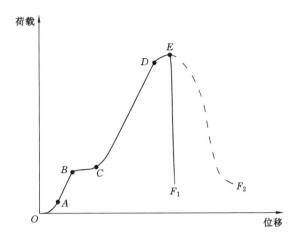

图 4-1　圆环花岗岩的荷载-位移一般特征曲线

短暂上凸曲线段（DE 段）：该阶段说明圆环花岗岩结构产生了微观损伤，垂直于加载方向的拉伸裂纹萌发、扩展、贯通的速度快速增大，说明宏观损伤破坏即将发生。

峰后断崖下降段（EF_1 段或 EF_2 段）：该阶段表明圆环花岗岩最终产生了脆性破坏，且岩样内径、加热温度、养护水温以及循环采热次数一定程度上影响了圆环花岗岩的脆性特征，改变了其塑性性质。

4.1.2　损伤变量推演

高温处理、温水养护循环作用下，圆环花岗岩内部产生了损伤，此时受静荷载作用，岩样损伤不断加剧，直至发生宏观破坏。由于试验中圆环花岗岩能承受的径向荷载可以直接反映其结构强度，利用最大径向荷载来计算圆环花岗岩的损伤变量能较好地反映岩样内部的损伤规律，其计算公式为：

$$D = \frac{P}{P_{\max}} \tag{4-1}$$

式中　P——施加的径向压缩荷载；

　　　$P_{\max}$——圆环花岗岩能承受的最大径向荷载。

式（4-1）不能反映圆环花岗岩经高温处理和温水养护循环作用后产生的损伤变量，即不能反映初始损伤程度。为解决该缺陷，在式（4-1）的基础上结合连续因子及应变等效原理，提出以下假设：

（1）圆环花岗岩是连续的、均质的、各向同性的。

（2）受载作用后仅有体积相等的损伤微元体和无损微元体组成，且无损微元体可向损伤微元体不可逆转化。

（3）岩样沿压缩方向产生的应变可由位移与岩样直径的比值来估算，且可用该比值反映圆环岩样的损伤。

（4）损伤微元体数量的增加规律类似生物种群数量的增长规律，逐代繁衍。

基于上述假设，可将损伤变量的方程表示为：

$$D = \frac{NV_0}{MV_0} = \frac{N}{M} \tag{4-2}$$

式中　N——有损微元体数量；

　　　M——无损微元体和有损微元体数量之和；

　　　V_0——微元体的体积。

此外，基于假设（4），将岩石损伤微元体数量的增加看作某生物种群的增长，种群增长模型中的时间看作岩石产生的应变，径向压缩荷载、高温处理和温水养护过程看作种群所处的环境因素，岩样含微元体总数量看作种群的环境容纳量，引入生物种群增长理论的分析模型，将圆环花岗岩内部损伤微元体数量的增长率表示为：

$$\frac{\mathrm{d}N}{\mathrm{d}\varepsilon} = \lambda N \left(1 - \frac{N}{M}\right) \tag{4-3}$$

式中　λ——自然增长率；

　　　ε——对应的岩石径向压缩应变。

应用微分方程的分离变量法求解式（4-3），得到 N 的表达式：

$$N = \frac{M}{1 + ce^{-\lambda\varepsilon}} \tag{4-4}$$

式中，$c = \dfrac{M - N_0}{N_0}$，N_0 为岩石损伤微元体的初始数量。

由式（4-2）和式（4-3）可推出损伤变量 D 的微分表达式：

$$\frac{\mathrm{d}D}{\mathrm{d}\varepsilon} = \frac{1}{M}\frac{\mathrm{d}N}{\mathrm{d}\varepsilon} = \lambda\frac{N}{M}\left(1 - \frac{N}{M}\right) \tag{4-5}$$

将式（4-4）代入式（4-5），然后利用微分方程的分离变量法求解得到损伤变量 D 的表达式：

$$\begin{cases} D = \dfrac{1}{1 + e^{\beta - \lambda\varepsilon}} \\[2mm] \varepsilon = \dfrac{u}{\varphi} \end{cases} \tag{4-6}$$

式中　β——岩石材料的初始损伤程度，$\beta = \ln\left(\dfrac{M}{N_0} - 1\right)$；

　　　u——径向加载位移；

　　　φ——圆环岩样的外径。

4.1.3　损伤演化规律分析

基于高温处理及不同温度水温养护作用后圆环花岗岩受静荷载作用试验结果，分析损伤演化规律的前提是确定式（4-6）中的参数 β、λ。将式（4-6）变换为关于岩石径向压缩应变 ε 的函数：

$$\begin{cases} Y = \ln\left(\dfrac{1}{D} - 1\right) = \beta - \lambda\varepsilon \\[2mm] \varepsilon = \dfrac{u}{\varphi} \end{cases} \tag{4-7}$$

根据相应条件下圆环花岗岩的荷载-位移曲线，利用式（4-1）可计算相应条件下损伤变量 D 的值，将其带入式（4-7）便可得到 Y 的值。通过对 Y 和 ε 进行线性拟合，由拟合公式确定参数 β、λ 的值，见表4-1。

表 4-1 高温处理、温水养护循环作用后圆环花岗岩受静压时损伤变量方程参数 β、λ 值

圆环内径 /mm	加热温度 /℃	养护水温 /℃	循环次数 /次	损伤变量参数	
				β	λ
0				4.013	802.56
6				3.341	1 121.40
12	400	40	1	3.831	1 358.80
18				2.906	645.05
22				3.062	1 341.02
18	100			4.120	1 208.90
18	250			3.683	939.68
18	400	40	1	3.462	1 098.78
18	550			3.327	1 135.30
18	700			2.831	1 243.30
18		10		4.799	900.48
18		25		3.003	1 197.30
18	400	40	1	3.837	902.96
18		55		3.759	144.32
18		70		3.291	1 287.07
18			1	3.567	431.95
18			3	3.732	112.45
18	400	40	5	3.107	334.03
18			7	3.334	427.22
18			9	2.513	210.35

将表 4-1 中的数据代入式(4-6),绘制圆环花岗岩的损伤变量-径向压缩应变关系曲线,如图 4-2 所示。

由图 4-2 可以看出,圆环花岗岩在径向荷载作用下的损伤变量-径向压缩应变曲线整体呈"S"形,且损伤变量值处于 0~1 之间。该变化趋势说明圆环花岗岩结构的损伤经历了缓慢增加-快速增加-减速增加并趋于临界状态三个阶段,符合径向荷载作用下圆环花岗岩内部微裂纹萌发、扩展、贯通直至发生宏观破坏的损伤破坏历程。损伤变量处于 0~1 之间,符合圆环花岗岩的损伤破坏特征,损伤累积的过程中损伤变量是逐渐增大的,当发生宏观破坏时,损伤变量达到最大值 1。由图 4-2 还可以看出,损伤变量初始值均大于零,说明圆环花岗岩在经过高温处理及不同温度水温养护循环作用后产生了一定的损伤,损伤变量-径向压缩应变曲线初始值反映圆环花岗岩的初始损伤程度。因此,基于圆环花岗岩荷载-位移曲线演算的损伤变量揭示了圆环花岗岩结构内部损伤经历了缓慢增加-快速增加-减速增加到临界状态的损伤破坏机制。

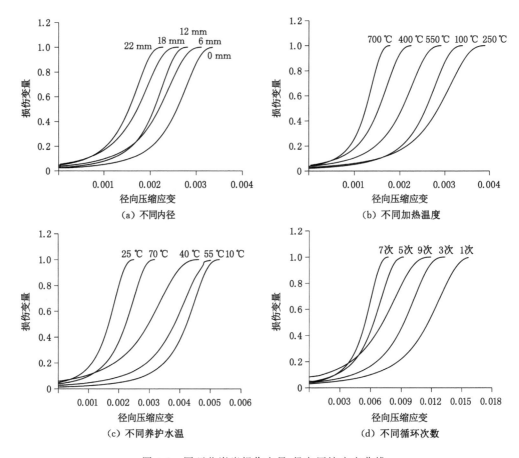

图 4-2　圆环花岗岩损伤变量-径向压缩应变曲线

4.2　储能区圆环花岗岩受径向静压时的损伤破裂特征

4.2.1　损伤特征

为研究高温处理及不同温度水温养护循环作用后圆环花岗岩受静压作用时内部微裂纹的萌发位置、扩展方向、贯通方式,揭示圆环花岗岩的损伤破坏机制,由 VIC-3D 非接触全场应变测量系统监测分析圆环花岗岩的表面应变,不同条件下圆环花岗岩沿压缩荷载方向的应变演化历程如图 4-3 所示(可扫描图中二维码获取彩图,下同)。

图 4-3 中云图颜色越红表示产生的拉伸应变越明显,结合张开裂纹的形成过程,可发现不同环境条件下,圆环花岗岩受径向压缩荷载作用时表面沿荷载方向的应变既有压缩应变也有拉伸应变,且呈不均匀状态分布,说明压缩荷载作用下圆环花岗岩内部应力效应不是均匀分布的。同时,压缩荷载作用的过程中,岩样表面的拉伸应变率先沿压缩荷载方向由岩样内壁产生,随后近似垂直于压缩荷载方向由岩样外壁产生。由图 4-3 还可以看出,随着压缩荷载作用时间的延长,荷载方向的裂纹向岩样外壁扩展,垂直于荷载方向的裂纹由外壁向岩样内孔壁延伸,最终压缩荷载方向的裂纹先贯通,且裂纹扩展方向前端的应变都是拉伸应变,因此,可认为压缩荷载作用时圆环花岗岩内部萌发的裂纹为拉伸裂纹,其产生的拉伸应

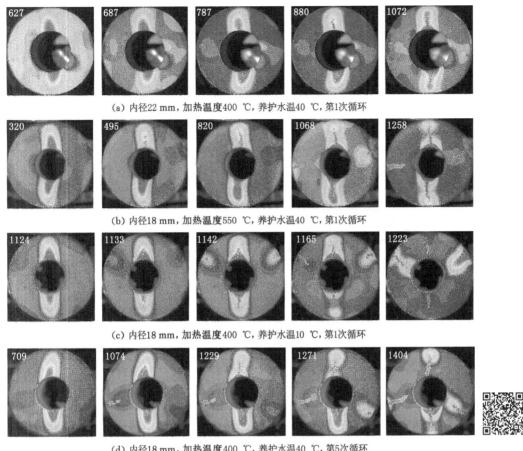

(a) 内径22 mm，加热温度400 ℃，养护水温40 ℃，第1次循环

(b) 内径18 mm，加热温度550 ℃，养护水温40 ℃，第1次循环

(c) 内径18 mm，加热温度400 ℃，养护水温10 ℃，第1次循环

(d) 内径18 mm，加热温度400 ℃，养护水温40 ℃，第5次循环

图 4-3　圆环花岗岩沿压缩荷载方向应变演化历程

（图中数字表示径向压缩荷载作用时间，如 627 表示施加荷载的第 627 s）

力效应是导致圆环结构岩样破坏的直接因素。

4.2.2　破坏模式

圆环花岗岩的宏观破坏形式，一定程度上可以反映径向荷载作用下圆环岩样的内部力学效应，揭示圆环花岗岩的损伤破坏机制。图 4-4 列出了内径、加热温度、养护水温、采热循环次数不同时圆环花岗岩的宏观破坏形式。

由图 4-4 可以看出，圆环花岗岩多破裂成四块，少数破裂成两块的岩样在垂直于破裂面的方向也萌发了轻微的损伤裂纹。压缩过程中，整个圆环结构形成了两个近似垂直的主裂纹区，随着径向荷载的增加逐渐贯通形成破裂面，使岩样破坏成大小相近、形状类似的四块岩块。由此可推测，径向荷载作用下，岩样内部形成了两个作用方向近似垂直的应力效应集中区，其是导致圆环结构岩样损伤破坏的直接因素。

圆环花岗岩破裂面形态及迹线如图 4-5 所示。

由图 4-5 可以看出，圆环花岗岩内部形成的两个主裂纹区分别沿压缩荷载方向和垂直于压缩荷载方向扩展，最终贯通形成宏观破裂面。同时，观察破坏后岩块，发现其断裂面平整光滑，未出现明显的摩擦错动现象，破坏后的岩块能拼接成完整的圆环结构，且拼接处耦

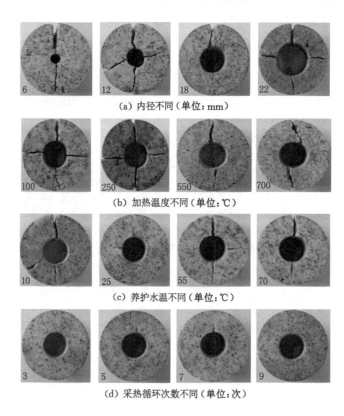

（a）内径不同（单位：mm）

（b）加热温度不同（单位：℃）

（c）养护水温不同（单位：℃）

（d）采热循环次数不同（单位：次）

图 4-4 径向压缩荷载作用下圆环花岗岩最终破坏状态

图 4-5 圆环花岗岩破裂面形态及迹线

合完好。因此,径向压缩荷载作用下圆环花岗岩结构产生的破坏模式是拉伸破坏,可认为压缩荷载在圆环花岗岩内部形成了两组互相垂直的拉伸应力,促使两组互相垂直的拉伸裂纹萌发、扩展、贯通形成宏观拉伸破裂面。

4.3　储能区圆环花岗岩受径向压缩荷载时损伤破坏数值模拟分析

　　虽然试验选用的岩样较为致密、均匀、完整性好,但其毕竟是地质作用的产物,其内部物质组分、孔隙、微裂纹的分布难免存在差异。为验证试验结果的合理性,增强圆环花岗岩结构损伤破坏机制的说服力,采用 FLAC3D 数值软件模拟分析径向压缩荷载作用下圆环花岗岩结构的损伤破坏特征。

4.3.1　损伤历程数值模拟分析

　　基于高温处理及不同温度水温养护循环作用后圆环花岗岩受径向荷载作用时的试验过程,建立数值计算模型,选用 Mohr-Coulomb(莫尔-库仑)模型给相应参数赋值,分析内径为 18 mm 的圆环花岗岩经历 400 ℃ 高温处理和 40 ℃ 水温养护后的破坏历程,模拟结果见图 4-6。

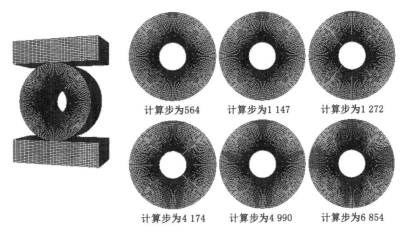

图 4-6　径向压缩荷载作用下圆环花岗岩破坏历程模拟结果

　　由图 4-6 可以看出,随着计算步数的增加,塑性区率先于岩样顶部出现,接着由岩样内孔壁萌发,并沿着加载方向逐渐向外壁扩展,然后连接岩样与压头接触处产生的塑性区,形成沿加载方向贯通岩样的塑性区带。随后,沿加载方向的塑性区带逐渐变宽,垂直于加载方向由岩样外壁萌发新的塑性区,并向岩样内孔壁扩展,最终形成横向贯通的塑性区带,此时,岩样内部形成了两个正交的塑性区带。

　　由于花岗岩具有强脆性,发生的破坏也是脆性破坏,结合数值计算过程中塑性区的演化历程,可推测裂纹贯通形成破裂面的位置出现在塑性区范围内。由塑性区演化历程可知,微裂纹先沿加载方向由岩样内孔壁萌发,向外壁扩展、贯通,再沿垂直于荷载方向由外壁萌发,向内孔壁扩展、贯通,最终导致岩样破裂成四块,该现象与试验过程中岩样表面裂纹扩展规律一致。而岩样与压头接触处产生局部塑性区的现象,是由于荷载传递过程中于接触处产生了局部应力集中,这与试验过程中岩样与压头接触处产生局部粉碎破裂的现象相吻合,宏观上表现为接触处形成的破裂缝较宽。

4.3.2 破坏模式数值模拟分析

分析试验后破碎岩块的形态可得圆环花岗岩的破坏模式为拉伸破坏,为进一步验证该结论,分析数值计算后圆环岩样发生宏观破坏时内部应力的分布规律,图 4-7 给出了 400 ℃ 高温处理和 40 ℃ 水温养护后内径为 18 mm 的圆环花岗岩发生宏观破坏时横截面 x 方向、z 方向的应力云图。

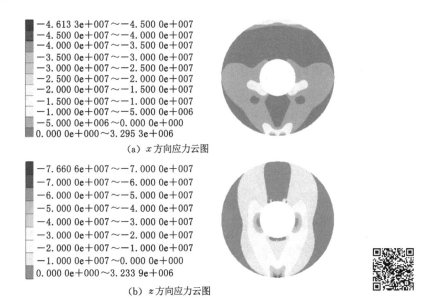

(a) x 方向应力云图

(b) z 方向应力云图

图 4-7　圆环花岗岩发生宏观破坏时的应力云图

由图 4-7 可以看出,径向压缩荷载作用下圆环花岗岩横截面内的应力分布是不均匀的,既有压应力也有拉应力,且岩样与压头接触处出现压应力集中现象。进一步分析应力分布的规律发现,x 方向的应力分量沿加载方向为拉伸应力,垂直于加载方向为压缩应力;z 方向的拉伸应力分量集中分布在垂直于荷载压缩的方向,其他部位多为压缩应力分量。同时,岩石的抗压强度远大于抗拉强度,可认为圆环岩样是在两组互相垂直的拉伸应力效应作用下发生的破坏。

为进一步分析裂纹扩展的形式和方向,沿岩样内部裂纹扩展、贯通方向,即模型内拉伸应力集中方向设置应力分量监测点,分析计算过程中各监测点处的应力增长规律,如图 4-8 所示。

由图 4-8 可知,压缩荷载作用下,垂直于加载方向岩样左右两侧的应力演化规律具有对称性,如图 4-8(b)和图 4-8(d)所示。由岩样内孔壁向外延伸,z 方向应力分量由压缩应力逐渐转为拉伸应力,虽然内孔壁的压缩应力值大于外壁的拉伸应力值,但其最大值仅为 40 MPa 左右,约为试验选用花岗岩单轴抗压强度(均值 162 MPa)的 25%。沿加载方向岩样上下两侧的应力演化规律整体上来说也具有对称性,由内孔壁向外延伸,x 方向应力分量由拉伸应力向压缩应力转变,除外壁为压缩应力,其余部位均为拉伸应力。外壁产生压缩应力效应的原因是压头和岩样接触处产生了压缩应力集中现象,但压缩应力的最大值也远小于花岗岩的单轴抗压强度。因此,总体而言,可认为试验过程中岩样内部产生的压缩应力不

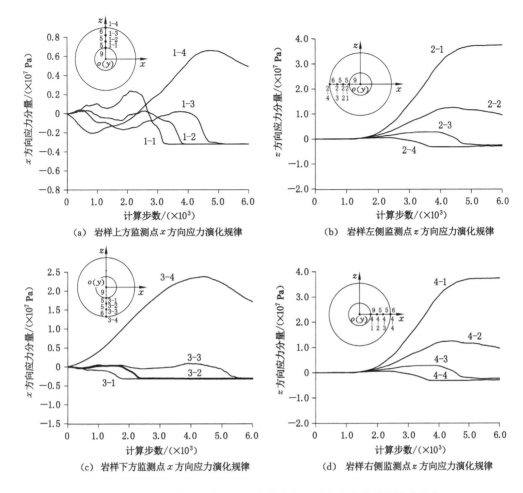

（a）岩样上方监测点 x 方向应力演化规律　　（b）岩样左侧监测点 z 方向应力演化规律

（c）岩样下方监测点 x 方向应力演化规律　　（d）岩样右侧监测点 z 方向应力演化规律

图 4-8　数值计算过程中圆环花岗岩内各监测点应力分量的演化规律

足以使岩样发生压缩剪切破坏，同时，由于岩样抵抗拉伸荷载的能力较弱，可认为径向压缩荷载作用下圆环花岗岩内部产生的拉伸应力是导致其破坏的主要因素。

由图 4-8 还可以看出，沿加载方向岩样内孔壁监测点 x 方向的拉伸应力分量率先达到最大值，且早于垂直于加载方向岩样外壁监测点 z 方向的拉伸应力分量，该现象说明岩样沿加载方向内孔壁的裂纹率先萌发。同时，沿加载方向监测点 x 方向的拉伸应力分量由内孔壁向外壁达到最大值对应的计算步数逐渐增大，垂直于加载方向监测点 z 方向的拉伸应力分量由内孔壁向外壁达到最大值对应的计算步数逐渐减小。该现象表明沿加载方向裂纹由岩样内孔壁向外壁扩展，垂直于加载方向裂纹则由岩样外壁向内壁扩展，验证了试验过程中岩样侧面裂纹的扩展历程。

结合数值模拟分析过程中圆环花岗岩岩样内部应力云图和各监测点应力分量的演化规律可得，沿加载方向和垂直于加载方向的两组拉伸应力效应是导致岩样破裂成四块的直接因素，说明岩样最终的破坏模式为拉伸破坏，与压缩试验后根据岩块形态得出的破坏模式一致。

4.4 径向冲击荷载作用下储能区圆环花岗岩的损伤破坏特征

4.4.1 损伤演化历程

冲击荷载作用时圆环花岗岩的损伤演化历程可有效揭示圆环花岗岩结构的破坏机理。图 4-9 列出了不同环境条件下四组典型圆环花岗岩的裂纹扩展历程,其中岩样左侧为入射杆,右侧为透射杆。

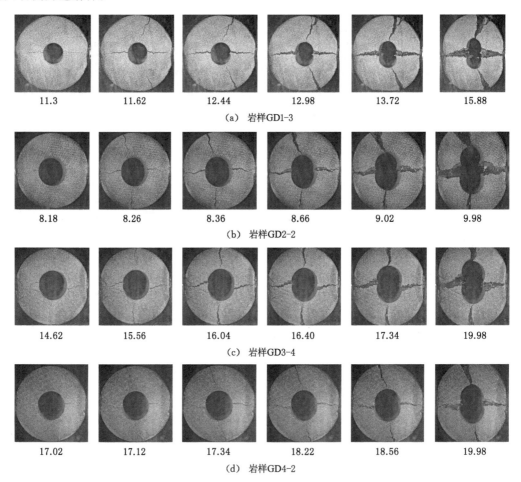

11.3   11.62   12.44   12.98   13.72   15.88

(a) 岩样GD1-3

8.18   8.26   8.36   8.66   9.02   9.98

(b) 岩样GD2-2

14.62   15.56   16.04   16.40   17.34   19.98

(c) 岩样GD3-4

17.02   17.12   17.34   18.22   18.56   19.98

(d) 岩样GD4-2

图 4-9   径向冲击荷载作用下圆环花岗岩的损伤历程

(图中数字表示相机拍摄照片时刻,如 11.30 表示开始拍摄的第 11.30 μs)

由图 4-9 可以看出,径向冲击荷载作用时,圆环花岗岩沿冲击方向裂纹率先萌发、扩展、贯通,形成裂纹面,且裂纹由圆环内圆起裂,逐渐扩展至圆环外圆侧面。由图 4-9 中裂纹的扩展历程可知,裂纹间距随时间延长逐渐扩大,且两破裂面裂纹未发生错位,可认为裂纹为动态张拉型裂纹,说明冲击荷载作用时,垂直于冲击方向产生了动态拉伸效应,且圆环内径处的动态拉伸应力效应最明显,该处先破裂。垂直于冲击荷载径向的破裂面由圆环花岗岩外圆侧面起裂,逐渐扩展至圆环内圆,两破裂面裂纹也未发生错位,说明产生的是动态拉伸破坏。由弹性理论可知,圆环花岗岩结构的内圆环壁的力学效应大于外圆,垂直于冲击荷载方向作用于圆环内壁的力是压缩应力,而作用于外壁的力是拉伸应力,由于岩石的抗压性能远大于抗拉性能,从而出现裂纹由外侧向内壁扩展的现象。

由图 4-9 还可以看出,圆环花岗岩沿冲击荷载方向内圆两侧透射杆一侧的裂纹萌发较入射杆侧的早,且透射杆侧圆环内壁最先形成宏观破裂面,以图 4-9(d)中 17.02 μs 时刻的图片最明显。同时还发现透射杆一侧裂纹扩展较快,形成的破裂面间距较大,裂纹贯通也较早。究其原因,入射应力波透过圆环花岗岩传播时,一部分由圆环内环壁反射回来,抵消部分入射应力波产的动态拉伸效应,延缓了入射杆侧圆环内壁的裂纹萌发、扩展,但透射应力波本身就是拉伸应力波,在透射杆侧产生的拉伸应力效应也较明显。

采用 VIC-3D 非接触式数字散斑技术分析径向冲击荷载作用时圆环花岗岩侧面应变演化的情况可有效揭示圆环花岗岩各位置的损伤程度,如图 4-10 所示。

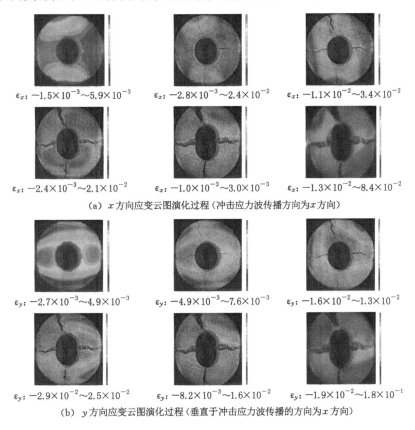

ε_x: $-1.5\times10^{-3}\sim5.9\times10^{-3}$　ε_x: $-2.8\times10^{-3}\sim2.4\times10^{-2}$　ε_x: $-1.1\times10^{-2}\sim3.4\times10^{-2}$

ε_x: $-2.4\times10^{-3}\sim2.1\times10^{-2}$　ε_x: $-1.0\times10^{-3}\sim3.0\times10^{-3}$　ε_x: $-1.3\times10^{-2}\sim8.4\times10^{-2}$

(a) x 方向应变云图演化过程(冲击应力波传播方向为 x 方向)

ε_y: $-2.7\times10^{-3}\sim4.9\times10^{-3}$　ε_y: $-4.9\times10^{-3}\sim7.6\times10^{-3}$　ε_y: $-1.6\times10^{-2}\sim1.3\times10^{-2}$

ε_y: $-2.9\times10^{-2}\sim2.5\times10^{-2}$　ε_y: $-8.2\times10^{-3}\sim1.6\times10^{-2}$　ε_y: $-1.9\times10^{-2}\sim1.8\times10^{-1}$

(b) y 方向应变云图演化过程(垂直于冲击应力波传播的方向为 x 方向)

图 4-10　径向冲击荷载作用下圆环花岗岩的侧面应变历程(岩样 GD2-2)

由图 4-10 可知,沿冲击应力波传播方向的应变值较大,且裂纹扩展前端应变大于裂纹扩展后端应变。垂直于冲击应力波传播方向的圆环外侧面应变值较大,且应变值随圆环半径的减小而减小。该现象再次说明冲击荷载作用时,圆环花岗岩先沿冲击方向由内环壁起裂贯通至外环壁,垂直于冲击方向由外环壁起裂贯通至内环壁。由图 4-10(a)可知,垂直于冲击方向的圆环外壁的拉伸应变较大,说明垂直于冲击方向的裂纹是由冲击应力波在外圆侧产生平行冲击方向的拉伸应力效应所引起的。由图 4-10(b)可知,沿冲击方向的圆环内壁的拉伸应变较大,说明沿冲击方向起裂的裂纹是由冲击应力波产生垂直于冲击方向的拉伸应力所引起的。基于图 4-10 中 x 方向、y 方向应变云图的分析,可验证径向冲击荷载作用下圆环花岗岩发生的是拉伸破坏。

4.4.2 破坏模式

圆环花岗岩的破坏模式可有效揭示液-固-热耦合作用下受径向荷载作用时圆环岩样的破坏机理。图 4-11 列出了圆环内径、加热温度、养护水温、采热循环次数不同时径向荷载作用下圆环花岗岩的最终破坏形态。

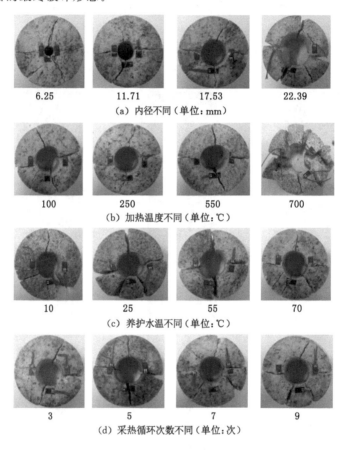

图 4-11　径向冲击荷载作用下圆环花岗岩的破坏形态

由图 4-11 可以看出,每块圆环岩样都产生了两个主裂纹区,一个沿冲击荷载方向贯通形成破裂面,另一个与冲击荷载方向相交贯通形成破裂面,两破裂面贯通后导致圆环花岗岩破裂。两主裂纹区的出现揭示径向冲击荷载作用下圆环花岗岩内部出现的两个拉应力效应集中区是导致圆环岩样破坏的主要因素。分析圆环花岗岩的破坏块度发现,当内径越大、加热温度越高、养护水温越高、采热循环次数越多时,圆环岩样破碎的块数越多,说明圆环花岗岩的破坏程度越严重。观察破坏后的岩块发现,其破裂面光滑,未出现摩擦错动的痕迹,拼接后岩块能恢复成完整的圆环结构,且拼接处破裂面耦合完好,再次说明冲击荷载作用下圆环花岗岩产生的是拉伸破坏,圆环内径、加热温度、养护水温、采热循环次数的改变对圆环岩样的破坏模式影响不大。

4.5　动静态荷载作用下储能区圆环花岗岩损伤破坏特征的异同

4.5.1　损伤历程的异同

圆环花岗岩受静态压缩荷载、动态冲击荷载作用时的损伤破坏历程可有效揭示其破坏机理,也可间接反应高深井筒围岩损伤破坏的机制。为对比分析静态压缩荷载、动态径向冲击荷载作用下圆环花岗岩内部损伤演化过程,图 4-12 列出了一组典型的岩样裂纹扩展图,并针对相应的图片绘制了裂纹扩展示意图。

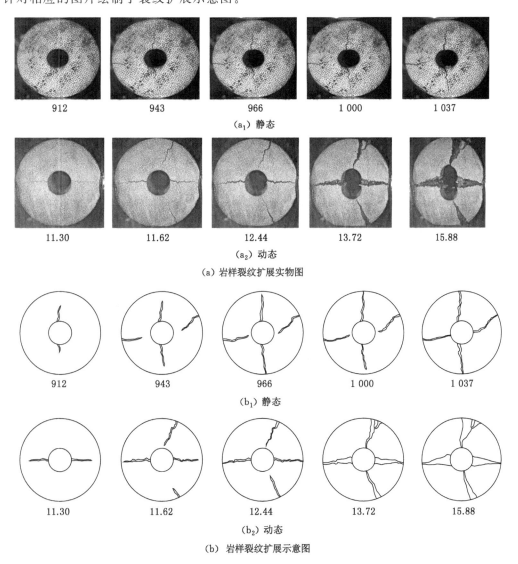

（a₁）静态

（a₂）动态

（a）岩样裂纹扩展实物图

（b₁）静态

（b₂）动态

（b）岩样裂纹扩展示意图

图 4-12　径向荷载作用下圆环花岗岩的损伤破坏历程

（图中数字表示时间,静态时间单位为 s,动态时间单位为 μs）

由图 4-12 可以看出,径向静态压缩荷载或冲击荷载作用下,第一组裂纹沿加载方向由圆环花岗岩内壁起裂,当其扩展至圆环厚度一半位置左右时,第二组裂纹沿垂直于加载方向由圆环岩样外壁起裂。两组裂纹的扩展方向都沿圆环花岗岩的径向扩展,直至贯通整个岩样。分析两组裂纹的扩展历程明显可见,裂纹的间距随时间延长逐渐扩大,且裂纹的破裂面未发生错动,也未产生繁杂的分支现象,因此,可认为圆环花岗岩产生的裂纹是由拉伸应力效应所导致的拉伸裂纹。由圆环花岗岩的受力情况分析可知,径向静态压缩荷载或冲击荷载作用初期,圆环内壁各方向产生的应力效应不同,即沿加载方向内壁承受的是拉伸应力效应,而垂直于加载方向承受的是压缩应力效应。由于岩石的抗压性能要远大于抗拉性能,故损伤裂纹率先沿加载方向由内壁起裂并向圆环岩样外侧扩展。同时,垂直于加载方向圆环岩样外侧承受的也是拉伸应力效应,但其强度要小于圆环内壁沿加载方向的应力,因此该方向的裂纹破裂滞后。

分析静态压缩荷载和动态冲击荷载作用下两组损伤裂纹的形态不难发现,冲击荷载作用下裂纹扩展的速度快、裂纹间距大,而静态压缩荷载作用下裂纹扩展的速度慢、裂纹间距小,该现象说明圆环花岗岩的动态损伤比静态损伤更剧烈。进一步分析两组裂纹之间的间距发现,静态损伤裂纹面的间距从起裂位置到扩展位置基本不变,而动态损伤裂纹面的起裂位置处的间距要远大于扩展位置处的间距,该现象揭示了动态冲击荷载作用下圆环内部裂纹的演化滞后于冲击荷载,即冲击荷载作用瞬间岩样内部结构损伤来不及反应,常滞后显现。

4.5.2 破坏模式的异同

静态、动态荷载作用下圆环花岗岩的破坏形态是对其受力特征的一种有效反映,可揭示岩样内部损伤裂纹扩展的形式。图 4-13 列出了不同环境条件下圆环花岗岩受静态压缩荷载或动态冲击荷载作用时的典型破坏形态。

由图 4-13 可以看出,圆环花岗岩在静态荷载或动态冲击荷载作用下主要产生两组主裂纹区,一组沿加载方向贯通形成过环心的破裂面,另一组垂直于加载方向贯通形成过环心的破裂面。观察破坏后的岩块发现,其断裂面未出现明显摩擦错动的痕迹,拼接后岩块能恢复成完整的圆环结构,且拼接处破裂面耦合较好。由此可认为静态压缩或冲击荷载作用下,圆环花岗岩内部出现了两组拉伸应力集中区,一组平行于加载方向,另一组垂直于加载方向,且该两组拉伸应力集中区是导致岩样产生拉伸破坏的主要因素。

由图 4-13 可得,静态压缩荷载作用下岩样主要破裂成两块或四块。岩样内径较小时类似巴西圆盘在单轴压缩荷载作用下的破坏模式,即沿加载方向过环心破裂成两半圆环,岩样内径较大时破裂成四块块度相近的圆环岩块。径向冲击荷载作用下,圆环岩样的破碎程度较严重,部分岩样破裂成五块或更多,且拼接后破裂缝存在缺失,两主要破裂面也存在偏离正交方向的现象。其原因主要是静态荷载增加缓慢且增加速率平稳,岩样内部损伤裂纹可沿拉伸应力集中方向有序萌发、扩展。冲击荷载作用时,由于荷载瞬间完成加载卸载过程,岩样破裂后仍会受到入射杆、透射杆振动的影响,破裂面难免出现错动摩擦现象,从而使破坏的岩块发生二次破裂,形成更多岩块。

4.6 本章小结

基于地热储能区井筒围岩的实际环境,开展高温处理及不同温度水温养护循环作用后圆环花岗岩受径向静动荷载作用的力学试验,采用理论分析与数值模拟相结合的方法研究圆环花岗岩结构的损伤破坏机制,得出如下结论:

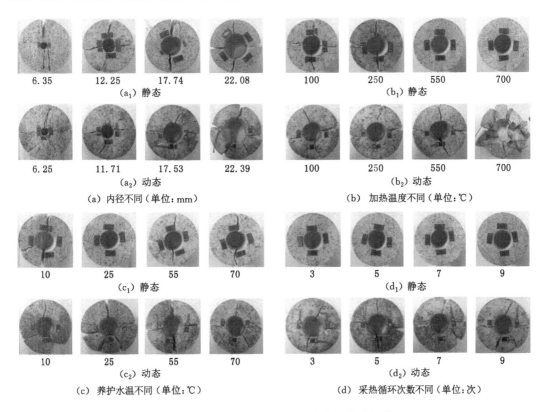

6.35 12.25 17.74 22.08   100 250 550 700

(a₁) 静态   (b₁) 静态

6.25 11.71 17.53 22.39   100 250 550 700

(a₂) 动态   (b₂) 动态

(a) 内径不同（单位：mm）   (b) 加热温度不同（单位：℃）

10 25 55 70   3 5 7 9

(c₁) 静态   (d₁) 静态

10 25 55 70   3 5 7 9

(c₂) 动态   (d₂) 动态

(c) 养护水温不同（单位：℃）   (d) 采热循环次数不同（单位：次）

图 4-13   径向荷载作用下圆环花岗岩最终破坏形态

（1）基于生物种群增长理论推演了圆环花岗岩的损伤变量方程，并基于试验数据分析损伤变量-径向静压缩应变曲线的变化规律得出圆环花岗岩内部损伤经历了缓慢增加-快速增加-减速增加到临界状态的变化特征。

（2）分析破碎岩块形态及岩样侧面应变得出圆环花岗岩产生的是拉伸破坏，且拉伸裂纹先由加载方向岩样内孔壁萌发，扩展至岩样外壁，再由垂直于加载方向的外壁萌发，扩展至岩样内孔壁，最终贯通形成两组互相垂直的破裂面。

（3）数值模拟结果从岩样内部应力特征验证了试验分析结果的可靠性，说明试验中裂纹萌发处的应力为拉伸应力，且应力分量自起裂端沿扩展方向达到最大值的计算步数逐渐增大，表明岩样在拉伸应力效应驱使下萌发拉伸型裂纹并扩展、贯通形成破裂面，最终导致岩样发生宏观破坏。

（4）冲击荷载作用下圆环花岗岩发生动态拉伸破坏，产生沿冲击荷载方向、垂直于冲击荷载方向两个主破裂面，且沿冲击荷载方向裂纹由圆环内圆端起裂，透射杆侧裂纹起裂早于入射杆侧，垂直于冲击荷载方向裂纹由圆环外圆侧滞后起裂，最终都贯通导致圆环岩样发生宏观破坏。

（5）动态损伤裂纹较静态损伤裂纹扩展速度快、裂纹间距大，但二者都是拉伸型裂纹。同时，径向冲击荷载作用下圆环岩样的破碎程度比静态荷载作用下严重，两种作用下破碎的岩块都能拼凑在一起，形成完整的圆环结构，且裂纹面耦合较好，说明圆环花岗岩最终的破坏模式为拉伸型破坏。

5 储能区圆环花岗岩的动态损伤结构模型

随着能源消耗量不断增大,环境问题日益严峻,清洁可再生能源的开发利用已迫在眉睫[115-116]。地热能作为一种可再生的清洁能源,已成为世界各国能源发展的重要战略能源[117-118]。地热井是深层地热能开采的主要途径之一,井筒围岩的稳定性,尤其是储能区井筒围岩稳定性决定着地热能的可持续开采效率[119]。储能区井筒围岩本就处于高温状态,采热过程中回灌低温水导致高温岩体遇水冷却,循环采热作业造成深部岩体经历加热—遇水传热历程,再者,热冲击效应、地震波和深部钻凿开挖等产生的动力扰动都会影响井筒围岩的力学特性。因此,为保障深层地热能的持续高效开采,急需开展热-水-力作用下储能区井筒围岩的力学特性研究,尤其是井筒围岩的动态损伤破坏特征研究,这也是深部岩石力学领域须攻克的瓶颈问题。

虽然国内外学者研究了高温、高温后遇水冷却、冲击荷载等条件下花岗岩的力学特性及损伤破坏特征,并构建了相应条件下的本构模型,研究成果可为深层地热能开采时钻井、围岩变形控制等提供一定的基础理论参考。但是考虑地热井直径、储能区井筒围岩遇水状态、循环采热历程及动力冲击扰动多场因素共同影响的研究极为鲜见。因此,为可持续高效开采利用深层地热能,热-水-力作用下圆环花岗岩的动态损伤特征及结构模型的研究迫在眉睫,相应的研究成果不仅可拓宽深部岩石力学后续研究的思路,也可为预防高深井筒围岩损伤变形及进行稳定性控制提供理论参考。

5.1 圆环花岗岩变形特征

圆环花岗岩径向动态冲击试验中的冲击荷载及岩样产生的径向动态压缩位移可由试验测得的入射应变、反射应变、透射应变演算获取,进而有效揭示圆环花岗岩的损伤破坏机制,图 5-1 所示为不同影响因素下圆环花岗岩的径向冲击荷载-动态压缩位移曲线。

由图 5-1 可知,内孔直径、加热温度、养护水温、循环次数不同时,圆环花岗岩的径向冲击荷载-动态压缩位移曲线的总体形状特征无明显变化,都呈类抛物线趋势发展。该现象说明圆环花岗岩于径向冲击荷载作用下以结构塑性变形为主,这是岩样存在的同心圆孔结构和冲击动载作用时间极短两个因素协同影响所致。同心圆孔的存在,使岩样整体结构具有延缓冲击荷载作用的效应;冲击动载作用时间极短导致岩样内部裂纹扩展、贯通具有滞后效应。但岩样径向冲击荷载-动态压缩位移曲线仍可划分成典型的三段发展模式,即初始直线段、非线性上升段、峰后非线性下降段。图 5-1 中内孔直径为 22.15 mm、加热温度为 400 ℃、养护水温为 40 ℃、循环次数为 5 次时曲线的划分情况,揭示了径向冲击荷载作用下圆环花岗岩依次发生了弹性变形、塑性变形和结构失稳破坏三个典型阶段。其中,OA 段为弹性变形阶段,该阶段圆环花岗岩仅发生结构变形,内部未产生裂纹萌发、劣化的情况,但随着内

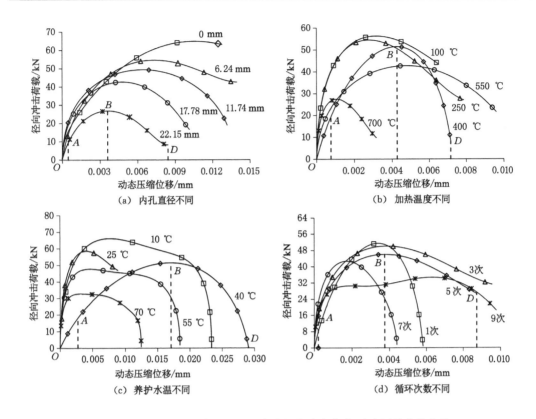

图 5-1 不同影响因素下圆环花岗岩径向冲击荷载-动态压缩位移曲线

孔直径的增大、加热温度和养护水温的升高、循环次数的增加,OA 段的长度均逐渐减小,说明圆环花岗岩结构抗弹性变形的能力均逐渐减弱。AB 段为裂纹扩展、贯通段,该阶段曲线呈非线性上升趋势,说明圆环结构岩样在径向冲击荷载作用下,内部产生了损伤,即萌发了新裂纹,甚至产生了裂纹扩展和贯通,导致岩样产生塑性损伤变形。BD 段为峰后破坏段,该阶段曲线呈非线性下降趋势,揭示圆环花岗岩的破裂具有延缓特征,即瞬时冲击荷载作用下岩样来不及反应产生瞬间失稳破裂,产生的径向位移出现了滞后现象,最终体现为圆环岩样结构的塑性失稳变形特征。

5.2 圆环花岗岩动态损伤历程

为研究径向荷载作用下圆环花岗岩伴随裂纹的起裂位置、扩展方向、贯通形式等,探究圆环结构岩样的动态损伤历程,采用 VIC-3D 非接触全场应变测量系统监测圆环岩样裂隙形成历程及表面应变演化的规律。图 5-2 和图 5-3 分别给出了径向冲击荷载作用下圆环花岗岩的损伤破坏历程和应变演化云图。

由图 5-2 可知,圆环花岗岩受冲击荷载作用时,岩样率先沿冲击方向由岩样内孔壁起裂,逐渐向岩样外壁扩展,冲击方向的裂隙宽度由内孔壁向外壁逐渐减小,且冲击过程中岩样外壁保持滞后破坏的特点,如图 5-2(b)中冲击时刻为 9.73 μs、9.94 μs 和图 5-2(c)中的 14.37 μs 时刻的图片所示。该现象说明冲击过程中产生了垂直于冲击方向的拉伸应力效

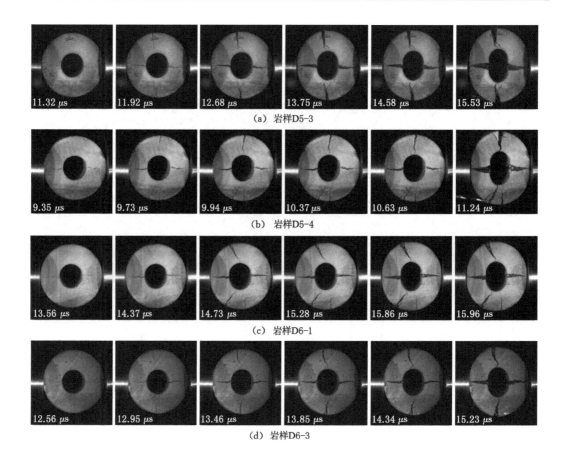

(a) 岩样D5-3

(b) 岩样D5-4

(c) 岩样D6-1

(d) 岩样D6-3

图 5-2　径向冲击荷载作用下圆环花岗岩的损伤破坏历程

应,且岩样内孔壁的应力效应强于外壁。由图 5-2 还可以看出,垂直于冲击方向也产生了一组裂隙,但该组裂隙是沿岩样外壁向内孔壁扩展的,裂隙宽度也由外壁向内孔壁逐渐减小,同时内孔壁处存在未破裂的时刻,如图 5-2(a)中 11.92 μs、图 5-2(d)中 12.95 μs 时刻等。因此,可认为冲击过程中垂直于冲击方向过岩样中心产生了与冲击方向平行的拉伸应力效应,且外壁处拉伸应力效应强于内孔壁处。进一步分析两组破裂裂隙的形态可得,断裂面表面无明显错位现象,破裂后岩块经拼凑可组成完整圆环结构,说明岩样产生的破坏模式为动态拉伸破坏。

　　径向冲击荷载作用下圆环花岗岩的应变演化云图如图 5-3 所示。由图 5-3(a)可知,x 方向(沿冲击方向)的拉伸应变集中于岩样 y 方向(垂直于冲击方向)的外壁,且由外壁向内孔壁逐渐扩大范围,说明平行冲击方向的拉伸应力效应由外壁向内孔壁扩展。由图 5-3(b)可知,y 方向的拉伸应变集中于岩样 x 方向的内孔壁,由内孔壁逐渐向岩样外壁扩大范围,说明拉伸应力效应沿冲击方向由内孔壁向外壁扩展。同时,由图 5-3 可知,y 方向的拉伸应变出现的时间较早,即沿冲击方向岩样内孔壁出现拉伸应变的时刻早于垂直冲击方向岩样的外壁。由于岩样抗拉能力远小于抗压能力,综合考虑,可由岩样应变演化云图揭示圆环花岗岩先由冲击方向内孔壁发生拉伸破坏,再由垂直于冲击方向岩样外壁发生拉伸破坏,且分别向外壁及内孔壁扩展的动态拉伸损伤机制。

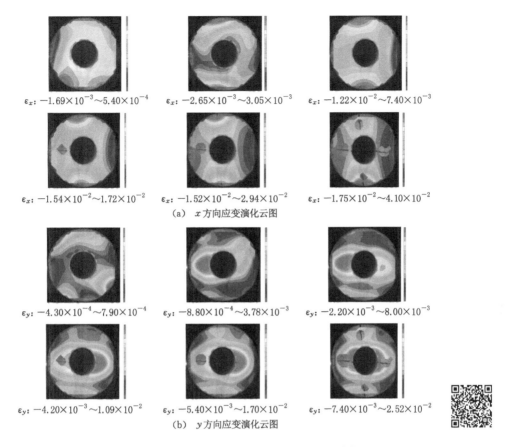

ε_x: $-1.69 \times 10^{-3} \sim 5.40 \times 10^{-4}$　ε_x: $-2.65 \times 10^{-3} \sim 3.05 \times 10^{-3}$　ε_x: $-1.22 \times 10^{-2} \sim 7.40 \times 10^{-3}$

ε_x: $-1.54 \times 10^{-2} \sim 1.72 \times 10^{-2}$　ε_x: $-1.52 \times 10^{-2} \sim 2.94 \times 10^{-2}$　ε_x: $-1.75 \times 10^{-2} \sim 4.10 \times 10^{-2}$

(a)　x 方向应变演化云图

ε_y: $-4.30 \times 10^{-4} \sim 7.90 \times 10^{-4}$　ε_y: $-8.80 \times 10^{-4} \sim 3.78 \times 10^{-3}$　ε_y: $-2.20 \times 10^{-3} \sim 8.00 \times 10^{-3}$

ε_y: $-4.20 \times 10^{-3} \sim 1.09 \times 10^{-2}$　ε_y: $-5.40 \times 10^{-3} \sim 1.70 \times 10^{-2}$　ε_y: $-7.40 \times 10^{-3} \sim 2.52 \times 10^{-2}$

(b)　y 方向应变演化云图

图 5-3　径向冲击荷载作用下圆环花岗岩的应变演化云图

5.3　圆环花岗岩动态损伤结构模型

5.3.1　基本假设

如前所述,岩石具有不连续、不均匀、各向异性等特征,若想构建一种可合理反映岩石动态损伤变形特性的本构模型,尤其是带同心圆环岩样的结构模型,需建立在一定的假设基础上。针对圆环花岗岩岩样的结构特征,为简化其动态损伤结构模型的演算,在合理的前提下从微观角度出发,提出以下基本假设。

（1）假设圆环花岗岩是连续的、均匀的、各向同性的。

（2）假设径向动态冲击过程中,圆环花岗岩微元体本构关系不受惯性效应影响[120-121]。

（3）假设圆环花岗岩仅由损伤微元体、无损微元体组成,且微元体仅产生动态拉伸损伤,无损微元体可瞬间向损伤微元体不可逆转变。

（4）假设圆环花岗岩内部黏性微元体无损伤特性,其本构关系可表示为[122-123]：

$$\sigma_{b2} = \eta \frac{d\varepsilon_{b2}}{dt} \tag{5-1}$$

式中　σ_{b2}——黏性元件应力；

η——黏性系数；

ε_{b2}——黏性元件应变；

t——应变对应时间。

（5）假设圆环花岗岩内部损伤微元体数量服从韦布尔（Weibull）分布，分布的概率密度函数为[124]：

$$p(F) = \frac{m}{F_0} \left(\frac{F}{F_0} \right)^{m-1} \exp\left[-\left(\frac{F}{F_0} \right)^m \right] \tag{5-2}$$

式中　m, F_0——Weibull 分布的形状参数和尺度，反映岩石材料的力学性质；

　　　　F——微元体损伤破坏 Weibull 分布的随机分布变量。

（6）假设损伤微元体具有各向同性损伤的特性，损伤之前是线弹性的，损伤后的本构关系可表示为[125-126]：

$$\sigma = E_\varepsilon (1 - D) \tag{5-3}$$

（7）假设圆环花岗岩微元体在损伤之前服从胡克定律，即应力-应变关系可用线性微分方程表示，可近似认为应变叠加原理有效[127]。

（8）假设组成圆环花岗岩微元体的强度服从德鲁克-普拉格（Drucker-Prager）准则[128]。

（9）由于径向冲击时，圆环花岗岩伴随的应力、应变复杂，难以精确计算，为简化结构模型的推演过程，假设应力等效于径向冲击荷载与岩样过圆心横截面面积的比值，应变等效于冲击方向产生的变形量与岩样直径的比值。

5.3.2　结构模型建立

基于圆环花岗岩的结构变形特征及损伤破坏历程可得，径向冲击荷载作用下岩样产生弹性变形的同时也伴随着黏塑性特征，同时损伤程度随荷载的增加逐渐增大，该力学行为可用由一个麦克斯韦（Maxwell）体和一个损伤元件并联构成的岩石单元组合体力学模型表示，如图 5-4 所示。

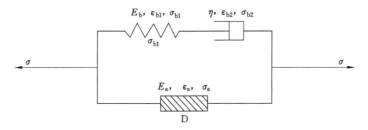

E_b—弹性元件对应弹性模量；ε_{b1}—弹性元件应变；σ_{b1}—弹性元件应力；

η—黏性系数；ε_{b2}—黏性元件应变；σ_{b2}—黏性元件应力；

E_a—损伤元件弹性模量；ε_a—损伤元件应变；σ_a—损伤元件应力。

图 5-4　岩石单元组合体力学模型

在图 5-4 中，岩石单元组合体力学模型的各力学元件应力、应变构成的关系式如下：

$$\begin{cases} \sigma(t) = \sigma_a(t) + \sigma_{b1}(t) = \sigma_a(t) + \sigma_{b2}(t) \\ \varepsilon(t) = \varepsilon_a(t) = \varepsilon_{b1}(t) + \varepsilon_{b2}(t) \end{cases} \tag{5-4}$$

基于假设（1）～（5），令径向冲击压缩过程中圆环花岗岩内部损伤微元体的数量为 N，组成岩样的微元体总数量为 M，再结合连续因子及应变等效原理，可定义圆环花岗岩损伤变量的计算公式为：

$$D = \frac{N}{M} \tag{5-5}$$

令 $\varphi(x)$ 为任意 $[F, F + \mathrm{d}F]$ 区间内已损伤微元体数量密度函数,则该区间已损伤微元体总数量为 $M\varphi(x)\mathrm{d}x$,当径向冲击荷载为 F 时,对应的损伤微元体数量为：

$$N = \int_0^F M\varphi(x)\mathrm{d}x \tag{5-6}$$

将式(5-2)和式(5-5)代入式(5-6)中,可得损伤变量 D 的演化方程为：

$$D = \int_0^F \varphi(x)\mathrm{d}x = 1 - \exp\left[-\left(\frac{F}{F_0}\right)^m\right] \tag{5-7}$$

式中　F——微元体损伤破坏 Weibull 分布的随机分布变量,即径向冲击荷载;

　　　F_0——Weibull 分布的尺度;

　　　m——Weibull 分布的形状参数。

由假设条件(6)和图 5-4 中的损伤元件,得：

$$\sigma_a = E_a \varepsilon_a (1 - D) \tag{5-8}$$

将式(5-7)代入式(5-8),所得损伤元件的本构关系为：

$$\sigma_a = E_a \varepsilon_a \exp\left[-\left(\frac{F}{F_0}\right)^m\right] \tag{5-9}$$

由假设条件(7)和图 5-4 中的弹性元件、黏性元件串联组成的 Maxwell 体,得：

$$\begin{cases} \sigma_b(t) = \sigma_{b1}(t) = \sigma_{b2}(t) \\ \varepsilon_b(t) = \varepsilon_{b1}(t) + \varepsilon_{b2}(t) \end{cases} \tag{5-10}$$

式中　$\sigma_b(t)$, $\varepsilon_b(t)$——Maxwell 体对应的应力、应变。

对式(5-10)中等号两边进行求导,可得：

$$\dot{\varepsilon}_b(t) = \dot{\varepsilon}_{b1}(t) + \dot{\varepsilon}_{b2}(t) \tag{5-11}$$

由假设条件(4)和假设条件(7),得：

$$\dot{\varepsilon}_{b2}(t) = \frac{1}{\eta}\sigma_{b2}(t) \tag{5-12}$$

$$\dot{\varepsilon}_{b1}(t) = \frac{1}{E_b}\dot{\sigma}_{b1}(t) \tag{5-13}$$

将式(5-12)和式(5-13)代入式(5-11),并结合式(5-10),得：

$$\dot{\varepsilon}_b(t) = \frac{1}{\eta}\sigma_b(t) + \frac{1}{E_b}\dot{\sigma}_b(t) \tag{5-14}$$

试验过程中的应变率为恒应变率,故可将式(5-14)中的应变率 $\dot{\varepsilon}_b(t)$ 视为恒应变率,即

$$\varepsilon_b(t) = \dot{\varepsilon}_b(t)t \tag{5-15}$$

此时,对式(5-14)等号两边进行拉普拉斯变换,得：

$$\frac{\dot{\varepsilon}_b(t)}{S} = \frac{S\sigma_b(S) - \sigma_b(0)}{E_b} + \frac{\sigma_b(S)}{\eta} \tag{5-16}$$

式中　S——拉普拉斯变换中的复变量。

将初始条件 $\sigma(0) = 0$、$\varepsilon(0) = 0$ 代入式(5-16)并化简整理,得：

$$\sigma_{b}(S) = \frac{\dot{\varepsilon} E_{b}}{S(S + E_{b}/\eta)} \tag{5-17}$$

对式(5-17)进行拉普拉斯逆变换,得:

$$\sigma_{b}(t) = \dot{\varepsilon}(t)\eta(1 - \mathrm{e}^{-\frac{E_{b}}{\eta}t}) \tag{5-18}$$

将式(5-15)代入式(5-18),得:

$$\sigma_{b}(t) = \dot{\varepsilon}_{b}(t)\eta(1 - \mathrm{e}^{-\frac{\varepsilon_{b} E_{b}}{\dot{\varepsilon}_{b}\eta}}) \tag{5-19}$$

将式(5-9)、式(5-10)、式(5-19)代入式(5-4),便可得圆环花岗岩的动态损伤结构方程:

$$\sigma(t) = E_{a}\varepsilon(t)\exp\Big[-\Big(\frac{F}{F_{0}}\Big)^{m}\Big] + \dot{\varepsilon}(t)\eta(1 - \mathrm{e}^{-\frac{\varepsilon(t) E_{b}}{\dot{\varepsilon}(t)\eta}}) \tag{5-20}$$

此时,基于假设条件(8)可得圆环花岗岩微元体的强度准则:

$$F = f(\sigma) = \alpha I_{1} + \sqrt{J_{2}} \tag{5-21}$$

式中 α——动态损伤结构模型参数;

$\quad\quad I_{1}$——应力张量的第一不变量;

$\quad\quad J_{2}$——应力偏量的第二不变量。

在一维扰动条件下,结合胡克定律,可得:

$$I_{1} = \frac{E\varepsilon(\sigma_{1} + 2\sigma_{3})}{\sigma_{1} - 2\upsilon\sigma_{3}} \tag{5-22}$$

$$\sqrt{J_{2}} = \frac{E\varepsilon(\sigma_{1} - \sigma_{3})}{\sqrt{3}(\sigma_{1} - 2\upsilon\sigma_{3})} \tag{5-23}$$

式中 σ_{1},σ_{3}——三轴试验中对应的有效应力;

$\quad\quad \upsilon$——泊松比。

由于径向冲击压缩试验考虑的是纯拉伸状态,故可认为 $\sigma_{2} = \sigma_{3} = 0$,则式(5-22)和式(5-23)可化简为:

$$I_{1} = E\varepsilon \tag{5-24}$$

$$\sqrt{J_{2}} = \frac{E\varepsilon}{\sqrt{3}} \tag{5-25}$$

将式(5-22)、式(5-23)代入式(5-21),便可得纯拉伸条件下圆环花岗岩的微元体的 Drucker-Prager 准则表达式:

$$F = \alpha E\varepsilon + \frac{E\varepsilon}{\sqrt{3}} \tag{5-26}$$

由假设条件(9),可得:

$$\sigma = \frac{F}{A} \tag{5-27}$$

$$\varepsilon = \frac{u}{\varphi} \tag{5-28}$$

式中 A——岩样过圆心的横截面面积;

$\quad\quad u$——冲击方向岩样产生的位移;

$\quad\quad \varphi$——岩样的外径。

将式(5-26)至式(5-28)代入式(5-21),可得圆环花岗岩动态损伤结构方程的另一种表达形式

$$\frac{F(t)}{A} = \frac{E_a u(t)}{\varphi} \exp\left[-\left(\frac{\dfrac{\alpha E u(t)}{\varphi} + \dfrac{E u(t)}{\sqrt{3}\varphi}}{F_0}\right)^m\right] + \frac{\eta \dot{u}(t)}{\varphi}(1 - e^{-\frac{u(t)E_b}{\dot{u}(t)\eta}}) \qquad (5\text{-}29)$$

5.3.3 试验验证

基于径向冲击圆环花岗岩试验结果,验证建立的动态损伤结构模型,首先需要确定 A、φ、E_a、E_b、E、α、η、F_0、m 共 9 个参数,其中 A、φ 可由试验用岩样直接测定。参数 α 的值取决于花岗岩的内摩擦角 θ,也可由力学试验直接测定,具体计算公式为[128]:

$$\alpha = \frac{\sin\theta}{\sqrt{9 + 3\sin\theta}} \qquad (5\text{-}30)$$

参数 E 取试验用花岗岩在静荷载作用下的弹性模量。E_b 取冲击荷载作用下花岗岩的动态弹性模量,即动态应力-应变曲线直线段的斜率。E_a 的值与花岗岩的动态弹性模量存在比例关系,即 $E_a = kE_b$,其中,k 为圆环花岗岩的动态扩容系数。由于径向冲击过程是瞬间完成的,冲击过程中岩样难免产生损伤破坏,体积增大,将损伤后的变形模量与损伤前的动态弹性模量的比值定义为动态扩容系数,则可得 $k \geqslant 1$。η 可根据试验获取的应力、应变数据进行试算确定,取值范围一般为 $500 \sim 1\,000$ GPa·s。

至此,9 个参数仅剩 F_0、m 未确定,其可借助损伤体的本构关系进行确定,即令 $\dot{\sigma} = \sigma/E\alpha_1$,$\dot{\varepsilon} = \varepsilon/\alpha_1$,结合式(5-7),便可将式(5-3)转化成无量纲的形式:

$$\dot{\sigma} = \dot{\varepsilon}\exp(-\dot{\varepsilon}^m) \qquad (5\text{-}31)$$

根据式(5-31)绘制出不同 m 值时无量纲形式的动态应力-应变曲线,然后将其和圆环花岗岩的径向冲击荷载-动态压缩位移试验曲线相对比,通过曲线相似性便可确定参数 m 的值。待 m 值确定后,由式(5-31)求出 $\dot{\sigma}$ 的最大值,然后便可由唐春安[126]推导的公式求得参数 F_0,即

$$F_0 = \alpha_1 = \frac{F_c}{E\dot{\sigma}_{\max}} \qquad (5\text{-}32)$$

式中　F_c——圆环花岗岩能承受的峰值荷载。

基于圆环花岗岩的径向冲击加载试验结果,选取加热温度为 550 ℃、养护水温为 40 ℃、加热-浸水循环次数为 1 次的一组应力-应变曲线进行结构模型方程验证。验证前需先确定圆环花岗岩动态损伤结构方程[式(5-29)]的相关参数,即 A、φ、E_a、E_b、E、α、η、F_0、m 共 9 个参数,各参数的取值见表 5-1。

表 5-1　圆环花岗岩动态损伤结构方程相关参数取值

岩样编号	A/mm^2	φ/mm	E_a/GPa	E_b/GPa	E/GPa	α	$\eta/(\text{GPa·s})$	$F_0/(\times10^{-3})$	m
D3-1	1 493.44	49.37	44.81	18.75	7.65	0.24	700	962.45	0.45
D3-2	1 337.98	49.78	53.47	18.75	7.65	0.24	700	760.96	0.35
D3-3	1 160.07	49.80	59.25	18.75	7.65	0.24	700	1 068.67	0.43
D3-4	942.76	49.08	40.50	18.75	7.65	0.24	700	1 178.16	2.45
D3-5	810.51	49.14	49.73	18.75	7.65	0.24	700	756.45	1.35

将表 5-1 中的参数代入构建的径向冲击荷载作用下圆环花岗岩动态损伤结构方程〔式(5-29)〕中,再结合径向动态冲击试验中圆环花岗岩产生的径向压缩位移,可拟合出式(5-29)对应的理论荷载-位移曲线,将其与试验中获取的径向冲击荷载-动态压缩位移曲线对比分析,便可验证建立的圆环花岗岩结构模型的合理性,如图 5-5 所示。

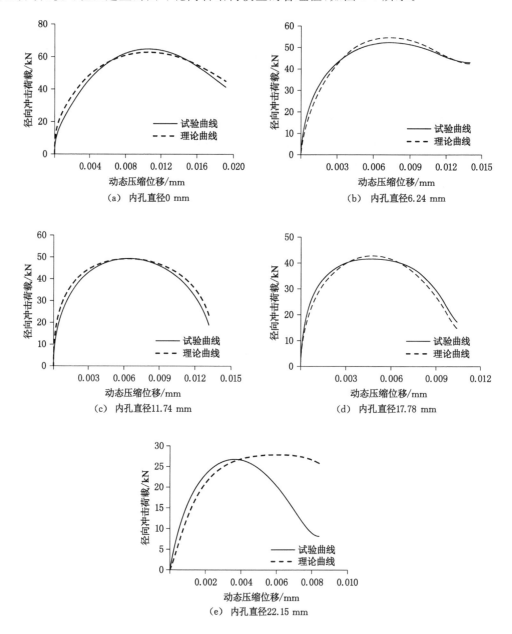

图 5-5　圆环花岗岩的理论与试验应力-应变曲线对比图

由图 5-5 可知,圆环花岗岩径向冲击荷载-动态压缩位移的理论曲线与试验曲线具有较好的一致性,尤其是峰值荷载前的曲线,可充分反映径向冲击荷载作用下圆环花岗岩的结构变形特征。动态峰值荷载后,理论曲线与试验曲线的吻合度降低,图 5-5(e)表现最为明显,其原因为试验中岩样发生了宏观破坏,圆环岩样破裂成了两半圆环,弹性杆与岩样的接触方式由线接触变为面接触,最终两半圆环结构也各自破裂成了两块;同时,理论曲线具有理想的趋势性。虽然理论曲线和试验曲线未达到完全一致的理想程度,但仍可反映径向冲击荷载作用下圆环花岗岩结构变形的趋势,可采用构建的动态损伤结构方程预测圆环花岗岩承受的峰值荷载,也可推演其抗变形的能力,为确定圆环花岗岩结构破坏临界条件,揭示深层地热储能区井筒围岩损伤破坏机制提供理论依据。综上,可认为构建的圆环花岗岩动态损伤结构模型是合理的,其可预测圆环结构花岗岩承受的径向冲击荷载与其发生的径向动态压缩位移之间的关系。

5.4 圆环花岗岩损伤历程数值模拟

5.4.1 数值模型建立

基于构建的动态损伤结构模型,开展径向冲击荷载作用下圆环花岗岩损伤历程的数值模拟,进一步验证推演的圆环花岗岩动态损伤结构方程的合理性。依据岩样和弹性杆的实际尺寸,采用精密网格将岩样轴向、径向都划分成 15 份,入射杆、透射杆的轴向划分成 150 份,径向划分成 12 份,数值计算模型如图 5-6 所示。数值模拟计算时,冲击应力波采用直接施加于入射杆受冲击端的方法赋值,无须对冲击子弹进行建模。岩样与弹性杆之间的接触方式采用侵蚀接触,忽略岩样与各接触面之间的摩擦,入射杆和透射杆采用线弹性模型,岩样采用 RHT 模型,结合构建的动态损伤本构方程修正相应参数,选用 LS-DYNA 数值模拟软件展开计算分析。

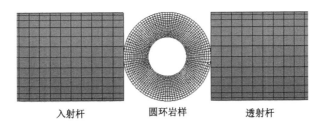

入射杆　　　　　　圆环岩样　　　　　透射杆

图 5-6　数值计算模型

5.4.2 数值模拟理论参数确定

RHT 模型提出采用一维等效应力代替三维方向上应力产生力学效应的等效思想,故可依托 RHT 模型,结合建立的圆环花岗岩动态损伤结构模型修正数值模拟的理论参数[129-130]。

（1）花岗岩的基本物理力学参数确定

采用直径为 50 mm,高度为 100 mm 的标准圆柱体花岗岩岩样,以 0.002 mm/s 的速率加载,开展单轴压缩变形试验,试验前每块岩样都进行纵波波速、密度等测定。试验测定花岗岩的基本物理力学参数详见表 5-2。

表 5-2 试验用花岗岩的基本物理力学参数

纵波波速 c_0/(m/s)	密度 ρ_0/(kg/m³)	单轴抗压强度 f_c/MPa	抗拉强度 σ_t/MPa	弹性模量 E/GPa	泊松比 υ
5 667	2 700	138	3.21	7.65	0.2

（2）p-a 方程参数

由 Rankine-Hugoniot 方程和 Mie-Grüneisen 状态方程[131]可得拉伸状态下 p-a 方程参数的确定公式：

$$A_1 = \rho_0 C_0^2 = T_1 \tag{5-33}$$

$$A_2 = \rho_0 C_0^2 (2s-1) \tag{5-34}$$

$$A_3 = \rho_0 C_0^2 (3s^2 - 4s + 1) \tag{5-35}$$

$$B_0 = B_1 = 2s - 1 \tag{5-36}$$

$$T_2 = 0 \tag{5-37}$$

式中　C_0——岩样受压初始时刻的纵波波速；

A_1, A_2, A_3——雨贡多项式系数；

B_0, B_1, T_1, T_2——状态方程参数；

s——经验参数。

（3）RHT 方程参数的修正

由弹性波理论得：

$$G = E/2(1+\upsilon) \tag{5-38}$$

式中　G——剪切模量；

E——弹性模量；

υ——泊松比。

根据文献[132]可知,孔隙开始压碎时的压力 p_{el} 为：

$$p_{el} = f_c/3 \tag{5-39}$$

式中　f_c——单轴抗压强度。

由文献[37]可知：

$$\beta_c = 4/(20 + 3f_c) \tag{5-40}$$

$$\beta_t = 2/(20 + f_c) \tag{5-41}$$

$$B = 0.010\ 5 \tag{5-42}$$

$$g_t^* = 0.7 \tag{5-43}$$

式中　β_c——压缩应变率指数；

β_t——拉伸应变率指数；

B——罗德角相关参数；

g_t^*——拉伸屈服面参数。

至此,以花岗岩的物理力学参数为基础,可确定 16 个参数,即 A_1、A_2、A_3、B_0、B_1、T_1、T_2、G、p_{el}、β_c、β_t、B、α_0、ρ_0、f_c、g_t^*；同时,$\dot{\varepsilon}_0^c$、$\dot{\varepsilon}_0^t$、$\dot{\varepsilon}^c$、$\dot{\varepsilon}^t$ 和 D_2 为模型给定值,也可以确定,即共 21 个参数可以明确确定。至于 N'、g_c^*、p_{comp}、A_f、n_f、A_s、Q_0、n、f_s^*、ε_p^m、f_t^*、D_1、ξ 共 13 个参数的确定非常复杂,根据参考文献[129,133]并结合构建的圆环花岗岩动态损伤结构模型可得

修正后的上述相关参数。数值模拟分析涉及的相关参数详见表5-3。

表 5-3 圆环花岗岩数值模拟参数的确定值

参数符号	参数含义	参数取值	参数符号	参数含义	参数取值
ρ_0	材料密度/(kg/mm³)	2.7×10^{-6}	n'	失效面指数	0.58
p_{el}	孔隙压缩时压力/GPa	0.046	Q_0	拉压子午比参数	0.680 2
p_{comp}	孔隙压实时压力/GPa	0.559	B	罗德角相关参数	0.010 5
N'	孔隙率指数	2.97	β_c	压缩应变率指数	0.009 2
α_0	初始孔隙率	1.11	β_t	拉伸应变率指数	0.012 6
A_1	雨贡纽系数/GPa	86.71	$\dot{\varepsilon}\delta$	参考压缩应变率/ms⁻¹	3.0×10^{-8}
A_2	雨贡纽系数/GPa	145.67	$\dot{\varepsilon}\delta$	参考拉伸应变率/ms⁻¹	3.0×10^{-9}
A_3	雨贡纽系数/GPa	89.03	$\dot{\varepsilon}^c$	失效压缩应变率/ms⁻¹	3.0×10^{22}
B_0	状态方程参数	1.68	$\dot{\varepsilon}^t$	失效拉伸应变率/ms⁻¹	3.0×10^{22}
B_1	状态方程参数	1.68	g_c^*	压缩屈服面参数	0.425
T_1	状态方程参数/GPa	86.71	g_t^*	拉伸屈服面参数	0.7
T_2	状态方程参数/GPa	0	ξ	剪切模量缩减系数	0.51
f_c	单轴抗压强度/MPa	138	D_1	初始损伤参数	0.039
f_t^*	拉压强度比	0.023	D_2	损伤参数	1
f_s^*	剪压强度比	0.018	ε_p^m	最小失效应变	0.010
G	剪切模量/GPa	3.19	A_f	残余应力强度参数	1.590
A_s	失效面指数	1.58	n_f	残余应力强度指数	0.607

5.4.3 数值模拟结果及分析

天然花岗岩内部结构及组成成分难免存在差异,一定程度上会影响试验结果,为提高研究成果的可信度,消除岩样均质性及试验条件误差对圆环花岗岩损伤破坏特征的影响,采用LS-DYNA数值模拟软件模拟冲击荷载作用下圆环花岗岩的损伤破坏历程,如图5-7所示。

由图5-7可知,随计算步数的增加,损伤单元率先出现于冲击应力波加载方向圆环岩样的外壁,但损伤值较小,后续呈近停滞性扩展,其原因是施加应力波时产生了应力集中效应。接着,损伤单元沿冲击方向岩样内孔壁出现并向外壁扩展,形成贯通区。同时,垂直于冲击应力波传播方向由岩样外壁萌生损伤单元,且向内孔壁扩展并贯通。最终,圆环岩样模型内形成了两组近似垂直的损伤贯通区,且该区域损伤值随计算步数的增大逐渐增大,说明圆环花岗岩最终沿着两损伤贯通区形成破裂面,导致岩样发生宏观破坏。该模拟现象与径向冲击试验圆环花岗岩的损伤破坏特征一致。

结合数值模拟过程中损伤区的演化历程,可得圆环岩样模型先沿冲击方向由内孔壁萌发微裂纹,向外壁扩展、贯通,再沿垂直于冲击方向由外壁萌发微裂纹,向内孔壁扩展、贯通,最后形成两组近似垂直的宏观破裂面。数值模拟揭示的损伤破坏历程与径向冲击压缩试验

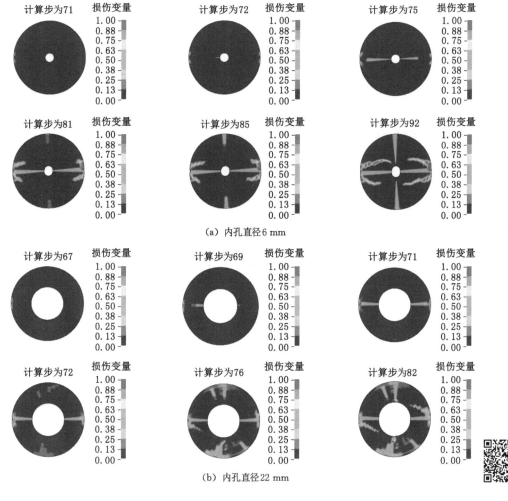

(a) 内孔直径 6 mm

(b) 内孔直径 22 mm

图 5-7　圆环花岗岩动态损伤破坏历程数值模拟分析图

揭示的圆环花岗岩损伤破坏历程高度一致,进一步验证了试验结果的可靠性及构建的圆环花岗岩动态损伤结构模型的合理性。

5.5　本章小结

基于深层地热能开采时储能区井筒围岩面临的高温、遇水、循环采热的环境及工况开展热-水-力作用下圆环花岗岩的动态损伤特征及结构模型研究,得出如下结论:

(1)热-水-力作用下圆环花岗岩以塑性结构变形为主,径向冲击荷载-动态压缩位移曲线呈类抛物线形状,且总体上呈初始直线段、非线性上升段、非线性下降段三段式,揭示径向冲击荷载作用下圆环花岗岩经历了弹性变形—塑性变形—结构失稳破坏三个典型历程。

(2)损伤破坏历程图、侧面应变云图、动态损伤数值模拟的结果都揭示径向冲击时,圆环花岗岩内部形成了两组互相垂直的拉伸应力,促使裂纹先沿冲击方向由内孔壁向外壁萌发、贯通,再沿垂直冲击方向由外壁向内孔壁萌发、贯通,最终导致岩样形成破裂面,产生动态拉伸破坏的机制。

（3）基于圆环花岗岩损伤变形特征,采用组合模型的方法建立了圆环花岗岩的动态损伤结构模型,并确定了相关参数,同时对比分析理论曲线和试验曲线,发现二者具有较好的一致性,说明构建的动态损伤本构模型是合理的,可用于预测圆环花岗岩的结构变形规律。

6 储能区圆环花岗岩的动态起裂判据

随着人类社会的不断进步,对各种能源的需求日益增多,清洁可再生能源的开发利用成为解决能源危机的重要途径[134-135]。深层地热能作为一种清洁、稳定、可再生的新能源,涉及的可持续开采问题已引起学者们的高度重视,尤其是地热井储能区围岩的力学特性格外受到关注,因其严重影响着地热能可持续开采的效率[136-137]。基于地热能开采工况,攻关储能区井筒围岩历经高温、遇水、动力扰动等工程条件时的破裂特征及起裂判据已迫在眉睫。

结合当前深部高温等复杂条件下岩石动态变形特性、破坏特征及破坏判据方面的研究,不难发现,涉及地热能开采实际工况环境下的岩石冲击破裂特征及起裂判据方面的研究不足。为高效可持续开采地热能,采用高温加热、浸水传热的方法处理不同内孔直径的圆环花岗岩以表征深层地热储能区井筒围岩的实际工程环境和结构特点,开展径向冲击荷载作用下圆环花岗岩的破裂特征及起裂判据的研究,可为储能岩体致裂形成传热通道和井筒围岩稳定性控制提供理论参考,具有较好的工程实践及科学意义。具体思路为基于深层地热能开采时储能区井筒围岩所处的高温、遇水、钻井扰动等工程环境,采用内孔直径不同的圆环花岗岩模拟直径不同及围岩受力范围不同的地热井井筒,再用高温加热、浸水传热的方法分别模拟储能区井筒围岩所处的高温环境及循环遇水传热的历程,同时采用 SHPB 动态试验系统以 0.2 MPa 的冲击气压沿圆环岩样施加径向冲击荷载,营造热冲击、钻凿、甚至地震波等垂直于地热井筒轴向的水平动态力学环境。

6.1 圆环花岗岩动态变形破坏特征

圆环花岗岩径向动态冲击试验中的冲击荷载及岩样产生的径向动态压缩位移可由入射杆、透射杆产生的入射应变、反射应变、透射应变演算获取,进而有效揭示圆环花岗岩的损伤破坏机制。不同影响因素下圆环花岗岩的径向冲击荷载-动态压缩位移曲线及对应的岩样最终破坏状态如图 6-1 所示(图中 d 为圆环内径,T_1' 为加热温度,T_2' 为养护水温,n 为循环次数,下同)。

由图 6-1 可知,高温处理、水温养护循环作用后圆环花岗岩的径向冲击荷载-动态压缩位移曲线都呈类抛物线形式,说明岩样内孔直径、加热温度、养护水温、加热-浸水循环次数未改变圆环花岗岩的动态变形趋势。进一步分析曲线的形态,可将其划分成三个阶段,即初始短直线段、非线性上升段和峰后非线性下降段。初始短直线段的产生是冲击荷载作用时间极短,岩样来不及反应经历短暂的弹性变形便进入塑性变形阶段所致,但初始直线段的长度随岩样内孔直径增大、加热温度和养护水温升高、以及加热-浸水循环次数增加而缩短,说明上述条件弱化了圆环花岗岩耐弹性变形的能力;非线性上升阶段表征圆环花岗岩产生了塑性变形,内部逐渐萌发微裂纹且经历稳定扩展、非稳定扩展两个历程,最终形成宏观破裂

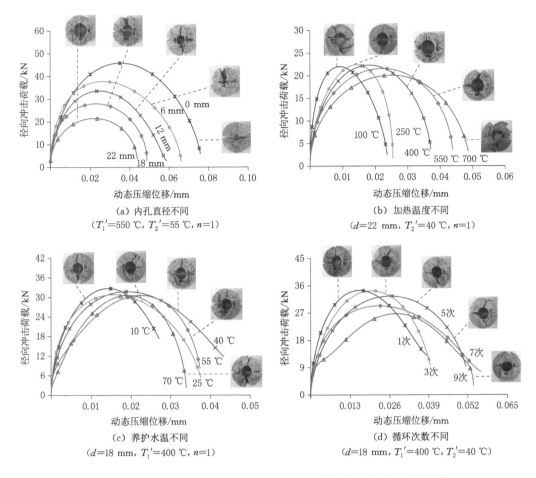

图 6-1　径向冲击荷载作用下圆环花岗岩的荷载-位移曲线及破坏形态

面;峰后非线性下降段是圆环岩样破裂后抗径向荷载能力降低的表现,该阶段岩样破坏后的碎块未完全脱离试验系统出现抗载能力降低的现象,图中岩样破裂成 4 块的形态也表征了这一规律。

　　分析图 6-1 中各荷载-位移曲线对应岩样的破坏形态,除圆盘岩样破裂为两半圆盘,其余圆环岩样都破裂成四块,形成的两组破裂面近似垂直,一组沿着冲击方向,另一组垂直于冲击方向,且两组破裂面都无明显摩擦错动的痕迹,可拼凑成完整的圆环岩样。该现象揭示径向冲击荷载作用下圆环岩样内部形成了两个互相垂直的应力区,从而使岩样破裂成近似对称的四块,再结合圆盘岩样破裂成两块的动力是冲击过程中岩样内部产生垂直于冲击方向的拉伸应力效应,可认为圆环岩样也是在拉伸应力效应的驱使下产生拉伸破裂。进一步分析可发现随内孔直径的增大、加热温度和养护水温的升高、加热-浸水循环次数的增多,破坏后拼凑成的圆环岩样缺失加重,尤其是垂直于冲击方向的破裂面外侧,其原因是在内孔直径增大、加热温度及养护水温升高、加热-浸水循环次数增多的条件下圆环岩样抗外界荷载的能力被弱化,岩样微元体之间的咬合力减弱,冲击荷载作用下宏观破裂处易产生粉末性破坏,试验后收集全碎块难度增大。

6.2　圆环花岗岩的破裂特征

6.2.1　圆环岩样侧面应变的演化规律

　　径向冲击荷载作用后圆环花岗岩破裂成可拼凑成完整岩样的四块，表明岩样产生了拉伸破裂，但该现象不能揭示圆环岩样破坏机理，尤其是破裂面的起裂方式及位置，而监测岩样内孔壁应变的演化规律，可一定程度上表征破裂面产生的力学效应。图 6-2 列出了试验中四块典型岩样内孔壁入射侧、下侧、透射侧的应变-时间曲线。

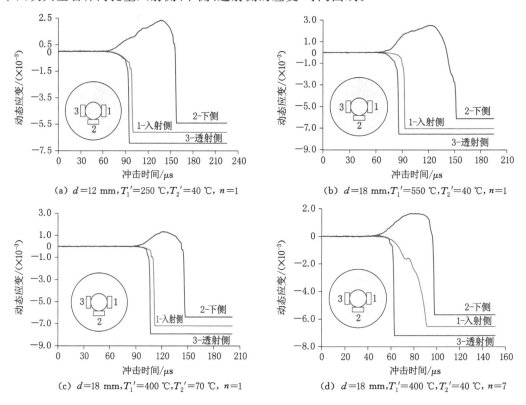

图 6-2　圆环花岗岩内孔壁侧面应变演化规律
（图中数字 1、2、3 分别为监测岩样入射侧、下侧、透射侧内环壁侧面应变的应变片）

　　分析图 6-2 中岩样内孔壁侧面应变的演化规律，可发现入射侧、透射侧的内孔壁应变为拉伸应变，下侧的应变先为压缩应变后为拉伸应变（试验中采用动态应变仪监测环壁应变，采集的负值表示拉伸应变，正值表示压缩应变），说明圆环岩样最终是受拉伸应力驱使产生破坏的，还说明冲击方向岩样内部先产生压缩应力效应后产生拉伸应力效应，垂直于冲击方向则只呈现拉伸应力效应。进一步分析，还可发现入射侧、透射侧初始阶段应变起裂随时间的变化规律一致，即应变-时间曲线变化趋势一致，说明两位置裂纹起裂的方式较一致，扩展速度相同。对比分析图中 1、2、3 位置拉伸应变最大值出现的时刻，可得透射侧的孔壁应变先达到峰值、入射侧次之、下侧最晚，该现象表明径向冲击荷载作用下圆环岩样内部结构的变化是不同步的，在冲击惯性力和结构特征差异的影响下，岩样透射侧先萌发拉伸微裂纹并产生破裂、入射侧次之。同时，由于圆环花岗岩受径向冲击荷载作用时，垂直于冲击方向的上、下侧承受的力学效应对称，内孔壁先后经历压缩、张拉历程，且压缩历程不足以导致岩样破裂，最终岩样仍然在张拉历程中产生破坏，圆环岩样上下侧的应变达到了峰值。上述应变峰值出现时刻的差异，表征垂直于冲击方向的破裂面扩展、贯通速度均小于冲击方向，进一步揭示冲击方向是圆环岩样的主破裂方向。

6.2.2　高速摄影捕捉下圆环岩样的破裂历程

径向冲击荷载作用下圆环花岗岩内裂纹扩展历程可以间接揭示圆环岩样的破坏机理，图 6-3 所示为加热温度为 550 ℃、养护水温为 40 ℃、加热-循环次数为 1 次时岩样结构损伤破坏历程。

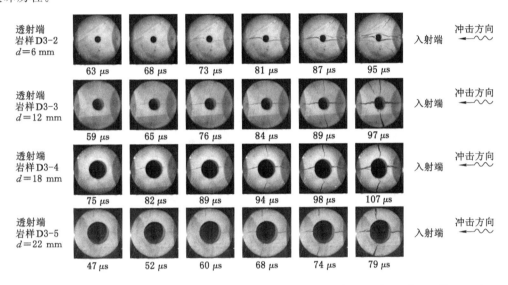

图 6-3　径向冲击荷载作用下圆环花岗岩结构损伤破坏历程（$T_1' = 550$ ℃，$T_2' = 40$ ℃，$n = 1$）

由图 6-3 可得，圆环花岗岩内主要形成两组破裂面，一组沿着冲击应力波传播方向过圆心由内孔壁向岩样外壁扩展；另一组则由岩样外壁向内孔壁扩展，且内孔径越大破裂面越近似垂直于冲击方向。两组破裂面形成的历程揭示径向冲击荷载作用下圆环岩样内部形成了两组近似垂直的应力集中效应，且沿应力波方向的破裂面为主破裂面，是圆环岩样破坏的主导因素。由图 6-3 还可以看出，两组破裂面均随冲击荷载作用时间的延长逐渐增宽，即张开度逐渐增大，说明岩样内部形成的应力集中效应是拉伸应力效应，它促使岩样产生张拉破坏。此外，还发现沿冲击方向的裂纹萌发、贯通岩样的时刻都早于垂直冲击方向，再次说明沿冲击方向萌发的张拉微裂纹是促使圆环岩样发生损伤破坏的主导因素，即冲击过程中垂直于冲击方向形成的拉伸应力是岩样破坏的主要动力。至于垂直冲击方向的破裂面不完全垂直冲击方向，是因为冲击过程中岩样沿冲击方向率先发生破坏产生了位置错动。

为进一步揭示径向冲击荷载作用下圆环花岗岩内部的应力效应，展现微裂纹的扩展历程，采用 VIC-3D 非接触应变测量系统监测岩样的侧面应变。图 6-4 为两块典型岩样侧面沿冲击方向（x 方向）和垂直于冲击方向（y 方向）的应变演化云图。

由图 6-4 可得，径向冲击荷载作用下，圆环花岗岩 x 方向、y 方向上的拉伸应变和压缩应变的差值较小，基于岩石耐压缩变形能力远大于耐拉伸变形能力的特性，可认为岩样侧面

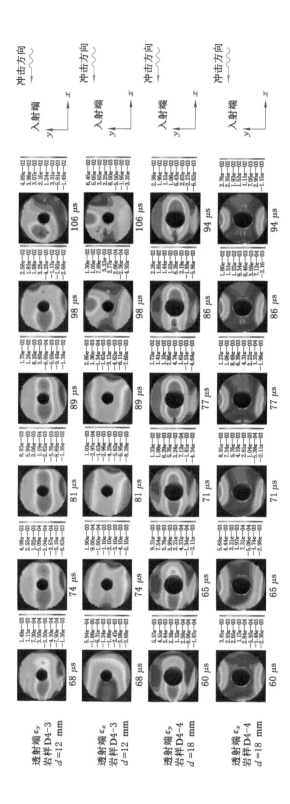

图 6-4　径向压缩载荷作用下圆环花岗岩岩侧面应变演化云图（$T_1' = 700\ ℃$，$T_2' = 40\ ℃$，$n = 1$）

拉伸应变的演化规律更能揭示圆环岩样的破裂特征。由图 6-4 可以看出，x 方向的拉伸应变沿冲击方向，y 方向的拉伸应变垂直于冲击方向，该现象表征了圆环岩样的破裂面位置。x 方向的拉伸应变范围随冲击时间的延长由内孔壁向岩样外侧增大，且透射侧内孔壁率先产生拉伸应变，这说明沿冲击方向岩样破裂是由内孔壁向外壁延伸的，同时还揭示冲击过程中岩样内部的应力状态不均，透射侧内孔壁的拉伸应力集中程度较大，该位置率先萌发拉伸裂纹。y 方向的拉伸应变范围由岩样外侧向内孔壁延伸，且近似呈对称分布，这说明 y 方向的破裂是由外侧向内孔壁扩展的，且圆心两侧裂纹扩展速度相近并近似呈对称分布。对比 x 方向、y 方向的应变云图，同一时刻，x 方向的拉伸应变范围较 y 方向的大，说明岩样沿冲击方向率先产生破裂，其是圆环岩样的主破裂方向。

6.2.3　圆环岩样破裂历程的数值模拟分析

天然花岗岩是地质作用的产物，其内部结构及组成成分的差异会增大试验误差，为消除岩样均质性及试验条件误差对圆环花岗岩损伤破裂特征的影响，为后续岩样破裂判据提供可靠的试验数据，采用 LS-DYNA 软件模拟分析圆环花岗岩受径向冲击荷载作用时的破裂特征，模拟结果详见图 6-5。

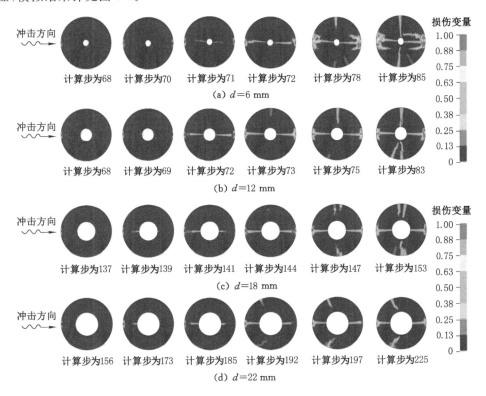

图 6-5　圆环花岗岩结构损伤破坏历程数值模拟分析图（$T_1' = 400\ ℃$，$T_2' = 40\ ℃$，$n = 1$）

由图 6-5 可得，冲击应力波入射端的岩样率先出现损伤单元，但损伤值较小，且随计算步数的增加近似停滞扩展，该现象是冲击应力波传至入射杆与岩样接触面产生短暂的应力集中所导致的。当计算步数继续增加时，冲击方向岩样内孔壁出现损伤单元，且损伤范围逐渐向模型外侧扩大，最后沿应力波传播的方向贯通，说明径向冲击荷载作用下圆环结构岩样易沿着冲击方向损伤破裂。由图 6-5 还可以看出,垂直于冲击方向的损伤单元萌发于岩样外侧,且多萌发于冲击方向损伤单元贯通岩样的时刻,后续近似呈对称形式由模型外侧向内孔壁扩展,该现象不仅揭示了垂直冲击方向的应力集中效应弱于冲击方向,还表明圆环结构岩样先沿冲击方向破裂后近似沿垂直方向破裂的特征。基于数值模拟结果可得,径向冲击荷载作用下圆环结构岩样先沿冲击方向由圆环内壁向外壁损伤破裂,再沿垂直方向由岩样外侧向内孔壁损伤破裂,最终形成两组近似垂直的破裂面,其与试验过程中裂纹扩展历程、岩样两侧面应变揭示的结果一致。

6.3 圆环花岗岩的损伤演化规律

6.3.1 损伤变量

高温处理、水温养护循环作用条件下圆环花岗岩难免产生一定的损伤,其严重程度主要由加热温度、养护水温、加热-养护循环次数三因素决定。同时,圆环结构岩样受径向冲击荷载作用时,能承受的最大荷载可直接反映岩样抗外界荷载的能力,以其为参量定义圆环花岗岩的损伤变量可较好地反映圆环结构岩样内部的损伤程度。基于试验条件分别定义单因素变化时圆环结构岩样的损伤变量的表达式如下:

$$D_{T_1} = 1 - \frac{F_{T_1}}{F_z} \tag{6-1}$$

$$D_{T_2} = 1 - \frac{F_{T_2}}{F_z} \tag{6-2}$$

$$D_n = 1 - \frac{F_n}{F_z} \tag{6-3}$$

式中 D_{T_1}, D_{T_2}, D_n ——加热温度、养护水温、加热-养护循环次数单因素影响下的损伤变量;

F_{T_1}, F_{T_2}, F_n, F_z ——加热温度、养护水温、加热-养护循环次数单因素影响下和自然状态下圆环花岗岩能承受的径向冲击峰值荷载。

引入单因素影响圆环花岗岩损伤的比例常数,基于式(6-1)至式(6-3),可将加热-养护交替作用后圆环花岗岩的初始损伤变量的计算公式表达如下:

$$\begin{cases} D_1 = K_1 D_{T_1} + K_2 D_{T_2} + K_3 D_n \\ K_1 + K_2 + K_3 = 1 \end{cases} \tag{6-4}$$

式中 D_1——加热、养护阶段产生的损伤变量;

K_1, K_2, K_3——加热温度、养护水温、加热-养护循环次数单因素影响比例系数。

径向冲击过程中,圆环花岗岩在动荷载的驱使下继续产生损伤,同理可采用岩样承受的动荷载与其能承受的峰值动荷载的比值定义该阶段圆环花岗岩的损伤变量,相应的表达式如下:

$$D_2 = \frac{F}{F_z} \tag{6-5}$$

式中 D_2——径向冲击阶段圆环花岗岩的损伤变量;

F——施加的径向冲击荷载。

由于试验用圆环花岗岩先经历加热、水温养护处理,后施加径向冲击荷载,可将式(6-4)和式(6-5)联立求和并进行"归1"修正获取圆环花岗岩的整体损伤变量 D,其表达式为:

$$D = K(D_1 + D_2) \tag{6-6}$$

式中　K——损伤变量的修正系数。

虽然式(6-4)可反映试验中圆环结构岩样的损伤程度,但不能阐释岩样内部损伤裂纹萌发、扩展的路径,故引入连续因子、应变等效原理和生物种群增长理论并提出以下假设条件:

(1)圆环花岗岩是连续的、均质的、各向同性的。

(2)受载作用后仅有体积相等的损伤微元体和无损微元体组成,且无损微元体可向损伤微元体不可逆转化[138]。

(3)假设试验过程中圆环花岗岩仅承受径向冲击荷载,忽略岩样与杆件之间的摩擦力、岩样自身重力、空气阻力等。

(4)假设圆孔结构花岗岩微裂纹起裂时即产生了结构失稳倾向。

(5)假设组成圆孔结构花岗岩微元体的动态力学特性都具有一致性,无畸变现象。

(6)损伤微元体数量的增加规律类似于生物种群数量的增长模型,逐代繁衍。

基于上述假设,可将损伤变量的方程表示为:

$$D_d = \frac{NV_0}{MV_0} = \frac{N}{M} \tag{6-7}$$

式中　N——有损微元体数量;

　　　M——无损微元体和有损微元体数量之和;

　　　V_0——微元体的体积。

同时,将岩石损伤微元体数量的增加看成某生物种群的增长过程,种群增长模型中的时间认为是岩石产生的位移,径向冲击荷载、高温处理和不同温度水温养护过程认为是种群所处的环境因素,岩样含微元体总数量认为是种群的环境容纳量,引入生物种群增长理论的分析模式,将圆环花岗岩内部损伤微元体数量的增长率表示为:

$$\frac{dN}{du} = \lambda N \left(1 - \frac{N}{M}\right) \tag{6-8}$$

式中　λ——自然增长率;

　　　u——对应的岩石径向压缩位移。

应用微分方程的分离变量法求解公式(6-8)得到 N 的表达式:

$$N = \frac{M}{1 + c e^{-\lambda u}} \tag{6-9}$$

式中,$c = \dfrac{M - N_0}{N_0}$,N_0 为岩石损伤微元体的初始数量。

由式(6-7)和式(6-8)可推出损伤变量 D_d 的微分表达式:

$$\frac{dD_d}{du} = \frac{1}{M} \frac{dN}{du} = \lambda \frac{N}{M} \left(1 - \frac{N}{M}\right) \tag{6-10}$$

将式(6-9)代入式(6-10),然后利用微分方程的分离变量法求解损伤变量 D_d:

$$D_d = \frac{1}{1 + e^{\beta - \lambda u}} \tag{6-11}$$

式中　β——反映岩石材料的初始损伤程度,$\beta = \ln\left(\dfrac{M}{N_0} - 1\right)$。

6.3.2 损伤演化规律

基于加热-水温养护循环作用后圆环花岗岩径向冲击试验结果验证推演的损伤变量方程的合理性,并分析径向冲击荷载作用下圆环花岗岩的损伤演化规律,需要确定公式(6-4)和公式(6-10)中的相关参数 K_1、K_2、K_3、β、λ。

K_1、K_2、K_3 的确定:基于试验结果采用试算的方法拟合圆环花岗岩峰值荷载与各单因素之间的关系可得到相应的拟合方程,再用单因素影响下拟合方程的系数作为参量进行"归1"处理。基于试验结果选择内孔直径为 18 mm,加热温度、养护水温、加热-养护循环次数不同的试验数据进行分析,图 6-6 所示为圆环花岗岩峰值荷载及其均值的变化规律。

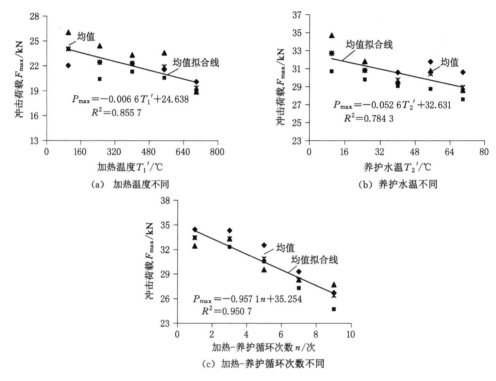

图 6-6 单因素影响下峰值荷载演化规律

将图 6-6 中峰值荷载均值拟合方程系数进行"归1"处理便可确定 K_1、K_2、K_3 的值。

$$\begin{cases} K_1 = \dfrac{0.006\,6}{0.006\,6+0.052\,6+0.957\,1} \times 100\% = 0.65\% \\[2mm] K_2 = \dfrac{0.052\,6}{0.006\,6+0.052\,6+0.957\,1} \times 100\% = 5.18\% \\[2mm] K_3 = \dfrac{0.957\,1}{0.006\,6+0.052\,6+0.957\,1} \times 100\% = 94.17\% \end{cases} \tag{6-12}$$

β、λ 的确定:将式(6-11)变换成关于岩石径向压缩位移 u 的函数形式。

$$Y = \ln\left(\frac{1}{D} - 1\right) = \beta - \lambda u \tag{6-13}$$

根据相应条件下圆环花岗岩的荷载-位移曲线,利用公式(6-1)至公式(6-6)可计算相应条件下损伤变量的值,将其代入公式(6-13)便可得到 Y 的值。通过对 Y 和 u 进行线性拟合,拟合公式的系数和常数便为参数 β、λ 的值。结合已确定的 K、K_1、K_2、K_3 的值,演算获取的 β、λ 值见表 6-1。

表 6-1 损伤变量方程参数值

岩样编号	内孔直径 /mm	加热温度 /℃	养护水温 /℃	交替处理 次数/次	单因素影响或修正参数				损伤变量参数	
					K	K_1	K_2	K_3	β	λ
D6-1	18	100	40	1	1.522	0.006 5	0.051 8	0.941 7	3.347 7	181.73
D6-2	18	250	40	1	1.487	0.006 5	0.051 8	0.941 7	3.027 7	131.25
D6-3	18	400	40	1	1.493 5	0.006 5	0.051 8	0.941 7	2.956 4	111.73
D6-4	18	550	40	1	1.539 2	0.006 5	0.051 8	0.941 7	2.849 1	91.96
D6-5	18	700	40	1	1.625 4	0.006 5	0.051 8	0.941 7	2.457 9	71.65
D7-1	18	400	10	1	0.996 2	0.006 5	0.051 8	0.941 7	3.431 4	226.59
D7-2	18	400	25	1	0.993 6	0.006 5	0.051 8	0.941 7	3.183 5	160.54
D7-3	18	400	40	1	0.945 8	0.006 5	0.051 8	0.941 7	2.883 7	123.61
D7-4	18	400	55	1	0.995 7	0.006 5	0.051 8	0.941 7	2.755 9	105.38
D7-5	18	400	70	1	0.954 8	0.006 5	0.051 8	0.941 7	2.555 8	82.88
D8-1	18	400	40	1	0.972 4	0.006 5	0.051 8	0.941 7	3.110 2	192.88
D8-2	18	400	40	3	0.963 7	0.006 5	0.051 8	0.941 7	2.883 8	152.62
D8-3	18	400	40	5	0.954 8	0.006 5	0.051 8	0.941 7	2.726 1	123.72
D8-4	18	400	40	7	0.961 5	0.006 5	0.051 8	0.941 7	2.651 1	102.63
D8-5	18	400	40	9	0.990 6	0.006 5	0.051 8	0.941 7	2.565	82.08

将表 6-1 中的数据代入式(6-11),可绘制出圆环花岗岩的损伤变量-径向压缩位移曲线,如图 6-7 所示。

由图 6-7 可知,损伤变量 D_d 随径向压缩位移的增加逐渐增大,且变化范围为 0~1,符合径向冲击荷载作用下圆环花岗岩内部损伤逐渐累积直至发生宏观破坏的特征。如图 6-7 所示,损伤变量-径向压缩位移曲线呈"S"形,损伤变量的增长速率可分为"慢-快-慢"三个阶段,说明径向冲击荷载作用下圆环结构岩样内部结构损伤也先后经历"慢-快-慢"的发展历程,该规律与圆环花岗岩径向冲击荷载-动态压缩位移曲线先后由"短暂直线段—非线性上升段—峰后非线性下降段"三个阶段组成相呼应。由图 6-7 中曲线的初始值的变化规律可得,随加热温度升高、养护水温升高、加热-养护循环次数增加,曲线初始值呈略增大的趋势发展,该现象揭示上述三因素具有加剧圆环花岗岩损伤的作用,符合弱化岩样抗外界冲击荷载能力的试验结果。因此,可验证定义并推演的损伤变量方程是合理的。

6.4 动态起裂判据

6.4.1 起裂判据推演

基于径向冲击荷载作用下圆环花岗岩内部产生两组近似垂直的拉伸应力效应,导致岩样产生张拉破裂,且内部损伤经历"慢-快-慢"的增长趋势,考虑组成圆环花岗岩的微元体在

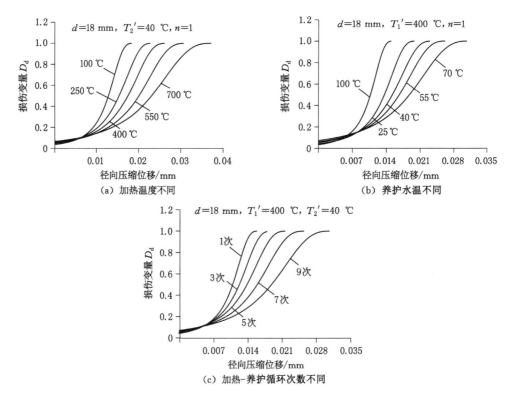

图 6-7　圆环花岗岩损伤变量-径向压缩位移曲线

外界冲击荷载作用下产生的拉伸变形是引起岩样破裂的主要因素。由于冲击荷载作用时间极短,圆环花岗岩的破裂也是瞬间完成的,可近似认为岩样内部由拉伸效应产生的弹性能超出其承受极限时便萌发拉伸破裂。同时,假设岩样内部伴随的能量增量等于冲击荷载做的功,可由试验获取的圆环花岗岩的径向冲击荷载-位移曲线计算其内部能量存储状况。借助岩石弹性模量的计算方法[139],定义曲线 50% 峰值荷载点处的切线为岩样内部弹性能的存储极限迹线,将其平移过峰值荷载点,便可构建圆环结构岩样伴随的能量关系,如图 6-8 所示。

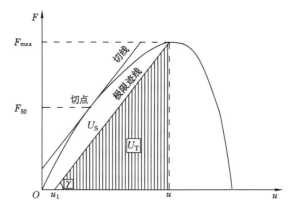

图 6-8　圆环花岗岩微元体伴随能量关系示意图

基于图 6-8 中的能量关系,再结合能量守恒定律,得圆环花岗岩微元体伴随的能量平衡方程为[140]:

$$U_Z = U_S + U_T \tag{6-14}$$

式中　U_Z——岩样微元体伴随的总能量;

　　　U_S——岩样消耗的能量(即产生塑性变形等所需的能量);

　　　U_T——岩样存储的弹性能。

式(6-14)中的岩样微元体存储的弹性能可由式(6-15)进行计算:

$$U_T = \frac{1}{2} F_1(u)(u - u_1) \tag{6-15}$$

式中　$F_1(u)$——弹性能极限迹线函数;

　　　u, u_1——岩样产生弹性变形时的位移和起始位移。

由图 6-8 还可得:

$$E = \tan \gamma = \frac{F_{max}}{u_{max} - u_1} \tag{6-16}$$

式中　E——弹性能极限迹线斜率(可用花岗岩的动态变形模量代替);

　　　F_{max}、u_{max}——岩样承受的峰值荷载及其对应的位移。

将式(6-16)代入式(6-15)中,则岩样微元体可存储的最大弹性能 U_{Tmax} 为:

$$U_{Tmax} = \frac{F_{max}^2}{2E} \tag{6-17}$$

假设组成圆环花岗岩的微元体存储能量的能力一致,则可得岩样破裂时存储的弹性能极限为:

$$W_1 = \pi H(R^2 - r^2)U_{Tmax} \tag{6-18}$$

式中　W_1——自然岩样存储的极限弹性能;

　　　H, R, r——圆环岩样高度、外圆半径和内圆半径。

令 $F(u)$ 为径向冲击荷载与径向压缩位移之间的关系函数,再采用爱因斯坦求和约定,可得冲击过程中岩样伴随的总能量 W_Z:

$$W_Z = \pi H(R^2 - r^2)\int_0^{u_{max}} F(u)\mathrm{d}u \tag{6-19}$$

基于一维应力波理论,冲击试验中伴随的入射能、反射能、透射能的计算公式为[141]:

$$\begin{cases} W_I = A_g E_g C_g \int_0^t \varepsilon_I^2 \mathrm{d}t \\ W_R = A_g E_g C_g \int_0^t \varepsilon_R^2 \mathrm{d}t \\ W_T = A_g E_g C_g \int_0^t \varepsilon_T^2 \mathrm{d}t \end{cases} \tag{6-20}$$

式中　W_I, W_R, W_T——冲击试验中伴随的入射能、反射能和透射能;

　　　A_g, E_g, C_g——杆件的横截面积、弹性模量和纵波波速。

忽略冲击过程中伴随的热能、声能、势能等,根据能量守恒定律,可得岩样伴随的总能量 W_d[142]:

$$W_d = W_I - W_R - W_T \tag{6-21}$$

由于式(6-21)未考虑试验过程中伴随的热能、声能、势能等,计算出来的能量较岩样实

际伴随的能量大,故引入能量修正系数 δ,根据式(6-19)和式(6-20)可得修正后的能量平衡方程:

$$W_Z = \delta W_d \qquad (6\text{-}22)$$

考虑试验前高温加热、水温养护、加热-养护循环次数引起的损伤,将其对应的损伤变量代入式(6-18),可得处理后岩样实际的储能极限:

$$W = W_1(1 - D_1) \qquad (6\text{-}23)$$

式中 W——处理后岩样可存储的极限弹性能。

联立式(6-4)和式(6-17)至式(6-23)便可得径向冲击荷载作用下圆环花岗岩的起裂判据:

$$\begin{cases} \delta A_g E_g C_g \displaystyle\int_0^\tau (\varepsilon_I^2 - \varepsilon_R^2 - \varepsilon_T^2)\,\mathrm{d}t < \dfrac{\pi H F_{\max}^2 (R^2 - r^2)}{2E}(1 - K_1 D_{T_1} + K_2 D_{T_2} + K_3 D_n) & （稳定状态） \\[4mm] \delta A_g E_g C_g \displaystyle\int_0^\tau (\varepsilon_I^2 - \varepsilon_R^2 - \varepsilon_T^2)\,\mathrm{d}t = \dfrac{\pi H F_{\max}^2 (R^2 - r^2)}{2E}(1 - K_1 D_{T_1} + K_2 D_{T_2} + K_3 D_n) & （临界状态） \\[4mm] \delta A_g E_g C_g \displaystyle\int_0^\tau (\varepsilon_I^2 - \varepsilon_R^2 - \varepsilon_T^2)\,\mathrm{d}t > \dfrac{\pi H F_{\max}^2 (R^2 - r^2)}{2E}(1 - K_1 D_{T_1} + K_2 D_{T_2} + K_3 D_n) & （起裂失稳） \end{cases}$$

$$(6\text{-}24)$$

6.4.2 动态起裂判据试验验证

为验证圆环花岗岩起裂判据的合理性,须确定判据方程(6-24)中的相关参数:A_g、E_g、C_g 分别为 SHPB 试验系统中杆件的横截面积、弹性模量和纵波波速,即为 1 962.5 mm²、210 GPa、5 172 m/s;H、R、r 可由试验用圆环花岗岩试件量取获得,也为已知参数;动态变形模量 E 可由试验用花岗岩的一维动态冲击试验获取,其值为 105.14 GPa;由于试验用冲击气压为 0.2 MPa,假设试验过程中的环境条件不变,可近似认为能量修正系数 δ 的值不变,即 0.97。基于高温处理-水温养护循环作用后圆环花岗岩径向冲击试验结果,选取加热温度、养护水温、加热-养护循环次数分别不同时内孔直径为 18 mm 圆环花岗岩的三组典型试验结果进行验证,如图 6-9 所示。

由图 6-9 可知,岩样伴随的总能量明显高于由圆环花岗岩起裂方程(6-24)演算出的岩样存储弹性能的极限值,证明冲击试验中入射杆加载圆环花岗岩产生的总能量足以引起岩样的起裂,验证了起裂判据的合理性。同时,还可发现随加热温度升高、养护水温升高、加热-养护循环次数增多,岩样伴随的总能量逐渐增大,更利于岩样起裂并发生宏观破坏,其原

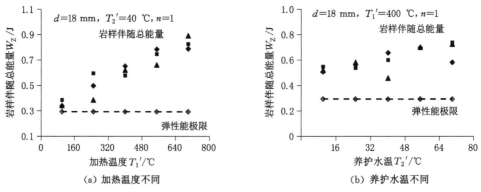

（a）加热温度不同　　　　　　　（b）养护水温不同

图 6-9　径向冲击荷载作用下圆环花岗岩起裂判据验证关系图

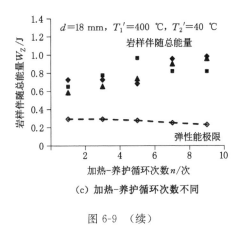

（c）加热-养护循环次数不同

图 6-9　（续）

因是加热、浸水处理后岩样内部已经产生了一定程度的损伤,且损伤量也随加热温度或养护水温升高、加热-养护循环次数增多相应增加,此时入射应力波透过岩样的阻尼增大,试验中的入射能转换为声能、热能及其他次要能量,透射能和反射能的量相应减小,岩样伴随总能量便相应增加。由上述验证可得,构建的加热-水温养护循环作用后圆环花岗岩径向冲击起裂判据可为基于热冲击、地震干扰、爆破扰动等伴随的能量预判深部硐室围岩失稳,尤其是深层地热井井筒围岩的失稳提供一定的理论参考。

6.5　本章小结

基于深层地热井井筒围岩所处的高温环境,结合采热工况,采用试验和模拟的方法开展高温处理-水温养护循环作用后圆环花岗岩径向冲击试验,研究岩样的破裂特征及起裂判据,得出如下结论:

（1）径向冲击荷载作用下圆环花岗岩的荷载-位移曲线呈类抛物线形式,且可划分成初始直线段、非线性上升段、峰后非线性下降段三段,同时岩样以张拉破坏模式破裂成近似对称的四块。

（2）内孔壁应变、破裂面扩展历程、侧面拉伸应变云图均显示圆环花岗岩在内部拉伸应力效应驱使下先后沿冲击方向由圆孔内壁起裂向外壁扩展、垂直于冲击方向由岩样外侧起裂向内孔壁扩展,揭示了冲击方向是圆环岩样的主破裂方向。

（3）基于圆环花岗岩的承载能力及内部裂纹萌发规律定义并推演了损伤变量,同时揭示径向冲击荷载作用下圆环花岗岩的损伤累积速度先后经历"慢-快-慢"三个阶段。

（4）基于试验研究结果,以圆环花岗岩的储能极限及起裂所需能量为参量,同时考虑加热、水温养护等引起的初始损伤,构建了径向冲击荷载作用下圆环结构岩样的起裂判据,并进行了合理性验证。

7 储能区圆环花岗岩的动静态破裂判据

地热井是深层地热能开采的重要通道,储能区井筒围岩的致裂和破坏直接影响热能的可持续开采[143]。150～700 ℃范围的高温环境[144-145]、8～70 ℃范围的回灌传热介质水温[146-147]、钻井卸荷形成垂直井筒轴向的应力、热冲击等营造的动力扰动等工程环境都影响着储能区井筒围岩的破坏特征。采用力学试验模拟的方法,探索地热井储能区井筒围岩的破坏特征,并构建破坏判据,对深部地热能安全、高效开采具有深远的科学意义。为揭示深层地热能开采时储能区井筒围岩的破坏特征,构建热循环作用后圆环花岗岩的破坏判据,采用高温加热、水温养护传热、循环加热-水温养护的方法模拟高深地热井储能区井筒围岩所处的高温环境、回灌传热、可持续循环采热的工况。再结合圆环岩样内孔直径差异及环平面内单向静态或动态压缩荷载,表征地热井筒直径、储能区围岩受力形式的不同,开展圆环花岗岩的静态、动态力学试验研究。研究成果不仅对深层地热能可持续开采具有重要意义,也可为储能岩体致裂形成传热通道和井筒围岩稳定性控制提供理论参考。

7.1 储能区圆环花岗岩静态、动态力学特性

7.1.1 静态变形特征

分析圆环花岗岩环平面内单向压缩静载和位移之间的关系(图7-1),可为圆环岩样破坏判据的建立提供理论依据。

由图7-1可得,随内孔直径增大、加热和养护水温升高、加热-养护次数增多,圆环花岗岩环平面内达到单向峰值静荷载前的曲线变化趋势一致,呈两段式发展,即较长的上凹段和类直线段,如图7-1(a)中内孔直径为6 mm、图7-1(b)中加热温度为250 ℃、图7-1(c)中养护水温25 ℃和图7-1(d)中加热-养护循环3次时荷载-位移曲线的划分。单向压缩静载-位移曲线初始阶段出现较长上凹段的现象,揭示圆环花岗岩率先产生了结构塑性变形,其由岩样内部损伤和中心圆孔变形协同作用所致。环平面内单向压缩静载作用时,圆环岩样内部产生拉伸应力效应,促使原有微裂纹扩展,压缩方向的位移增速随荷载的增大逐渐增大。同时,岩样内部同心圆孔也产生压缩变形,逐渐向椭圆形变化,进一步增加了环平面内单向压缩位移。上述两因素的协同作用,导致圆环花岗岩环平面内单向压缩位移增加速度大于荷载的增速,造成荷载-位移曲线初始阶段出现较长的上凹段。随后荷载-位移曲线呈类直线式发展,直至峰值荷载点,其原因是此时圆环岩样的变形以内部同心圆孔的变形为主,拉伸裂纹的扩展处于停滞状态,整个圆环状结构呈明显的弹性变形。

峰值静载后,荷载-位移曲线呈两种典型变化特征,一是呈断崖式下降,二是呈非线性下降。当内孔直径较小、加热和养护水温较低、加热-养护循环次数较少时,曲线呈陡崖式下降,其原因是单向荷载达到极限时,岩样内部拉伸微裂纹瞬间贯通形成宏观破裂面。反之,内孔直

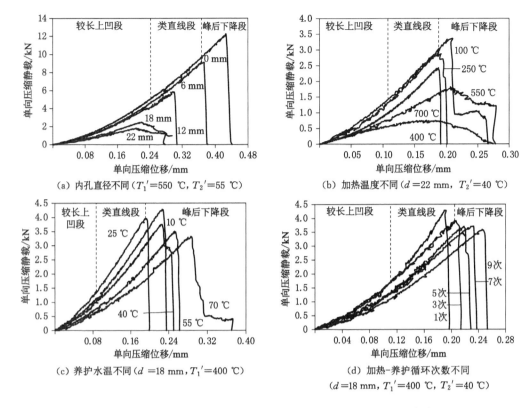

图 7-1 环平面内单向静载压缩下圆环花岗岩的荷载-位移曲线

径较大、加热和养护水温较高时,如图 7-1(a)中内孔直径为 18 mm、22 mm,图 7-1(b)中加热温度为 550 ℃、700 ℃和图 7-1(c)中养护水温为 70 ℃时,曲线呈非线性下降。其原因是内孔直径越大,同心圆孔变形量占岩样整体变形的比例越大,加热温度越高岩样热损伤越严重,养护水温越高岩样浸水后含水率越大,岩样内部累积损伤越严重。至于图中曲线峰值荷载后出现平台段[如图 7-1(b)中加热温度为 100 ℃、550 ℃和图 7-1(c)中养护水温为 70 ℃的曲线]的原因是岩样破坏的瞬间,钢丝垫条跌落,破坏后的岩块再次抗压并产生二次破坏。

7.1.2 动态变形特征

环平面内单向压缩荷载的形式不同,圆环花岗岩的变形特征也会产生变化,为研究静态、动态环平面内单向荷载作用下圆环岩样变形特征的区别,分析动态试验中岩样的冲击荷载-位移曲线,如图 7-2 所示。

由图 7-2 可知,与环平面内单向静载压缩下圆环花岗岩的荷载-位移曲线不同,冲击荷载作用下曲线峰值荷载后未出现断崖式下降,也未出现平台段。当内孔直径增大、加热和养护水温升高、加热-养护循环次数增多时,圆环花岗岩环平面内单向冲击荷载-位移曲线变化趋势一致,但初始阶段是较短的直线段,不同于静态试验时的较长上凹段。该现象说明环平面内单向冲击荷载作用的时间极短,圆环花岗岩率先产生短暂的弹性变形,其原因是冲击作用的瞬间岩样内部微结构来不及反应,微裂纹的萌发、扩展等都产生了滞后,但岩样内同心圆环的韧性可削弱环平面内单向冲击荷载产生的部分拉伸应力效应,体现为岩样环平面内单向压缩位移瞬间减小,造成圆环花岗岩产生短暂的弹性变形。随后,荷载-位移曲线呈非线性类抛物线趋势

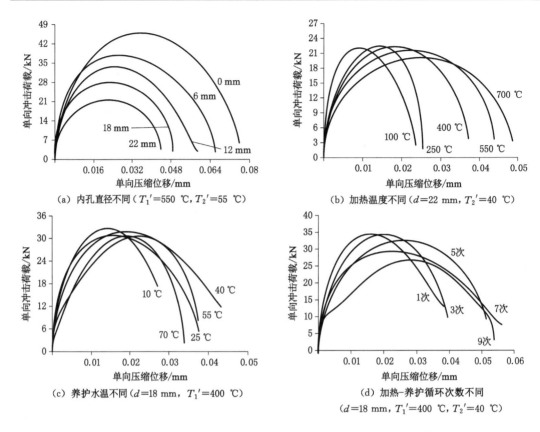

图 7-2　环平面内单向冲击荷载作用下圆环花岗岩的荷载-位移曲线

变化,直至岩样发生宏观破坏,曲线上升是由于岩样内部微裂纹萌发、扩展不断演化,以及冲击荷载作用初始阶段岩样内部损伤滞后累积,圆环岩样损伤程度不断恶化。动态峰值荷载后,曲线呈非线性下降,说明圆环岩样内部微裂纹贯通形成破裂面的过程具有时效性,即岩样产生破坏的过程中仍然以塑性变形为主,产生的破坏为结构塑性破坏。

7.1.3　静态、动态峰值荷载演化规律

圆环花岗岩能承受环平面内单向荷载的最大值,可直接反映其抗外界单向压缩荷载的能力,图 7-3 所示为不同条件下圆环花岗岩可承受的环平面内单向峰值静荷载及峰值动荷载的演化规律。

由图 7-3 可得,环平面内单向峰值静荷载和峰值动荷载都随内孔直径增大、加热温度升高、养护水温升高、加热-养护循环次数增多而减小,且环平面内单向峰值动荷载大于峰值静荷载,其均值约为峰值静荷载的 5～10 倍。根据拟合关系式可知,峰值荷载(静荷载、动荷载)与内孔直径、加热温度、养护水温、加热-养护循环次数均呈三次函数关系。冲击动荷载是瞬间完成的,耗费时间远小于环平面内单向静荷载,致使圆环花岗岩受冲击动荷载作用时内部微损伤单元来不及发展便失去能量来源,而单向静荷载的作用时间较长,岩样内部微裂纹可充分萌发并扩展。同时,岩样内部的同心圆环对环平面内单向压缩荷载具有延缓让力效应,荷载增大速度越快,此效应越明显,削减的单向压缩动力效应越强,从而增强岩样抗外界荷载的能力,最终导致单向峰值动荷载大于峰值静荷载。

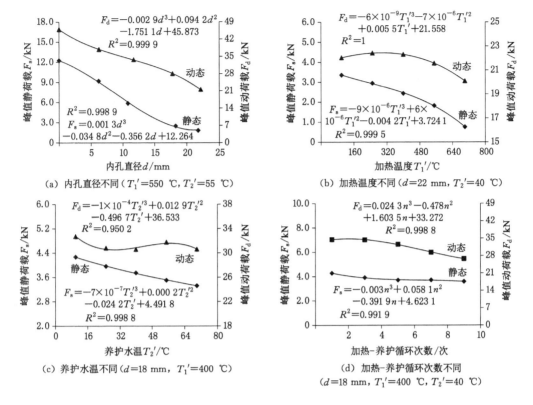

图 7-3　圆环花岗岩峰值静荷载和峰值动荷载的演化规律

当同心圆环内径越大时,圆环花岗岩的壁厚就越小,环平面内单向荷载作用时圆环内壁产生的拉伸应力效应越明显。同时,岩样破裂面由内壁贯通到外壁的路径越短,消耗的能量越小,较小的环平面内单向荷载便可使岩样破裂,体现为圆环岩样抗单向荷载的能力减弱,其可由图 7-3(a)中峰值荷载随内孔直径增大而减小的规律表征。高温加热时,一方面岩样内部水分蒸发、其易分解组分挥发散失,导致岩样密度减小、质密性变差;另一方面,热应力效应削弱了组成岩样颗粒晶体间的黏结力,诱发了微裂纹萌发与扩展,促使岩样体积膨胀,且加热温度越高,上述现象越明显,揭示岩样抗单向压缩荷载能力减弱的现象越显著,如图 7-3(b)所示,单向峰值静荷载、动荷载随加热温度的升高而减小。高温处理后的圆环花岗岩水温养护时,由于热损伤裂纹的存在,水渗入岩样,导致其抗外界荷载的能力减弱。养护水温越高,水分子越活跃,相同时间内渗入岩石内部的可能性越大。再者,环平面内单向压缩荷载作用时,孔隙中的水在孔隙水压力驱使下向裂纹扩展方向渗透,降低了岩样内部微裂纹扩展的阻力。因此,圆环花岗岩能承受的环平面内单向峰值静荷载、动荷载随养护水温的升高也呈减小的趋势发展,如图 7-3(c)所示。加热-养护循环处理圆环花岗岩时,岩样经历受热膨胀、失水、饱水的循环历程,每次循环时岩样内部结构都会产生一定程度的损伤,循环次数越多,岩样累计损伤的程度越严重,其抗外界单向静载、冲击动荷载的能力也相应减弱,如图 7-3(d)所示。

7.1.4　静态、动态峰值位移演化规律

圆环花岗岩耐变形能力也是其破坏判据建立需考虑的重要因素之一。定义环平面内单

向峰值荷载对应位移为峰值位移,研究其在不同条件下的演化规律也可为判据的建立奠定基础。图 7-4 所示为内孔直径、加热温度、养护水温、加热-养护循环次数不同时圆环花岗岩环平面内单向静态、动态峰值位移的演化规律。

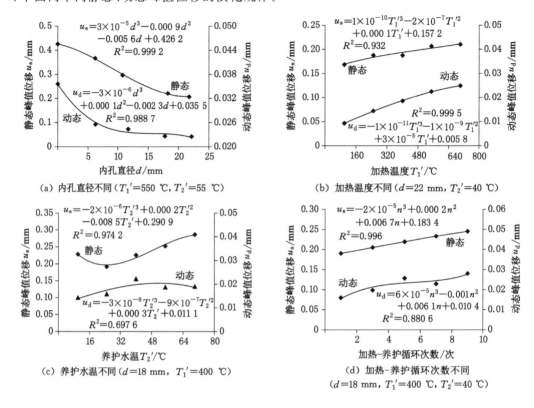

（a）内孔直径不同（$T_1'=550$ ℃，$T_2'=55$ ℃）

（b）加热温度不同（$d=22$ mm，$T_2'=40$ ℃）

（c）养护水温不同（$d=18$ mm，$T_1'=400$ ℃）

（d）加热-养护循环次数不同
（$d=18$ mm，$T_1'=400$ ℃，$T_2'=40$ ℃）

图 7-4　圆环花岗岩在不同条件下静态峰值应变和动态峰值应变的演化规律

由图 7-4 可以看出,环平面内单向压缩荷载作用下,圆环花岗岩静态、动态峰值位移的变化趋势一致,都随内孔直径的增大而减小,随加热温度升高、养护水温升高、加热-养护循环次数增多而增大,且拟合公式都为一元三次多项式,说明压缩荷载的形式对圆环岩样环平面内单向峰值位移变化规律的影响不大。但是圆环花岗岩环平面内单向静态峰值位移大于动态峰值位移,其均值约是动态峰值位移的 $10\sim15$ 倍,这说明圆环岩样在单向静荷载作用下的耐变形能力强于单向冲击荷载作用下的。岩样同心圆环内径的增大,虽然一定程度上增加了岩样的韧性,但同一压缩荷载作用下内孔壁上的拉伸应力效应也相应增大,再结合花岗岩的破坏特征,可得岩样发生宏观破坏所需的环平面内单向压缩荷载降低,对应产生的单向压缩变形量也变小,因此单向峰值位移随岩样内孔直径的增大而减小。

加热温度越高,圆环花岗岩热损伤越严重,内部萌发、扩展的微裂纹数量越多,从而导致岩样的孔隙率增大。养护水温越高,岩样内部亲水物质组分越容易遇水发生质变,产生软化效应,一定程度上弱化了岩样的抗变形能力。加热-养护循环处理圆环花岗岩时,营造了热损伤—水软化的循环环境,减小了岩石发生单向压缩变形的阻力。因此,岩样的峰值位移受上述三因素的影响呈减小趋势发展。同时,环平面内单向冲击动荷载作用时间极短,岩样内部微结构来不及变形便发生了宏观破坏,而环平面内单向静荷载作用时间较长,岩样内部微孔隙、微裂纹等的变形可充分发展,因此,单向静态峰值位移大于动态峰值位移。

7.2　圆环花岗岩试样破坏特征

7.2.1　破坏历程

圆环岩样内部裂纹起裂位置、延伸方向、扩展速度等可揭示热循环作用下深部井筒围岩的破坏机制,也可间接反映圆环岩样的变形破坏特征,为其破坏判据的建立提供理论依据。图 7-5 所示为环平面内单向静荷载压缩和冲击动荷载压缩下圆环花岗岩的裂纹扩展历程。

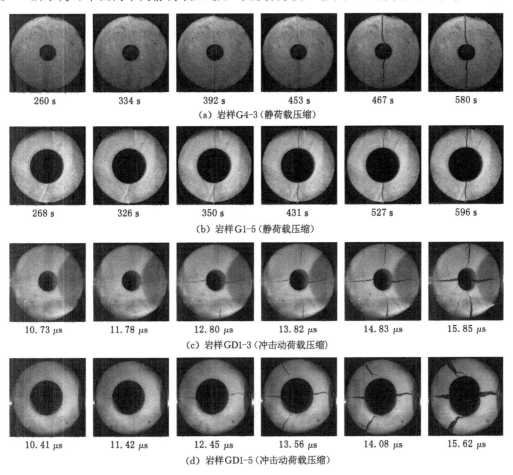

图 7-5　环平面内单向压缩荷载作用下圆环花岗岩破裂历程

由图 7-5 可以看出,环平面内单向静荷载压缩下圆环花岗岩内沿加载方向形成一组贯穿圆心的破裂面,而单向冲击荷载作用下却形成两组近似垂直的破裂面。其原因是环平面内单向静荷载压缩时,圆环岩样与承压板之间垫了钢丝,产生了应力集中,即岩样承受的压缩荷载始终为线荷载,使岩样沿加载方向过圆心横截面上的应力效应最大;而冲击荷载作用时,一是作用时间极短,二是加载杆与岩样之间未加钢丝,使岩样受载形式逐渐由线接触向窄面接触转化,岩样内部应力效应不均,形成两组近似垂直的应力效应。分析裂纹起裂位置、延伸方向可发现,环平面内单向静荷载压缩时,裂纹沿加载方向由圆环内壁起裂,向岩样外壁延伸,如图7-5(a)和图7-5(b)所示。说明单向静荷载压缩时沿加载方向贯穿岩样中心剖面上的应力最大,且由圆环岩样内壁向外侧逐渐减小,故立足于岩样内孔壁起裂处的应力临界值便可构建圆环岩样的破坏判据。环平面内单向冲击荷载作用下,裂纹率先起裂于冲击方向岩样内孔壁,随后起裂于近垂直于冲击方向岩样的外侧,并分别向岩样外侧和内孔壁延伸,最后形成两组近似垂直的破裂面,如图7-5(c)和图7-5(d)所示。该现象说明冲击过程中岩样内部形成了两组近似垂直的主应力效应,且沿冲击方向岩样内孔壁的应力效应最大,是导致圆环岩样失稳破坏的主要原因,基于此也可构建冲击荷载作用下圆环岩样的破坏判据。对比分析裂纹贯通的速度,即形成破裂面所用的时间,虽然环平面内单向压缩静荷载作用下所用时长远大于冲击荷载,但破裂面的形成是瞬间贯通的,难以捕捉裂纹扩展过程中宽度的变化,但冲击荷载作用下裂纹宽度的变化明显。消除加载速度的影响,可间接推测环平面内单向静荷载作用时的应力集中效应高于冲击荷载作用下的应力集中效应,静荷载压缩时岩样破坏后的岩块比较规整可说明该推论。

为进一步揭示环平面内单向压缩荷载作用下圆环花岗岩的破坏机理,采用VIC-3D非接触应变测量系统监测岩样表面应变,图7-6分别给出了静态、动态荷载压缩作用下两组典

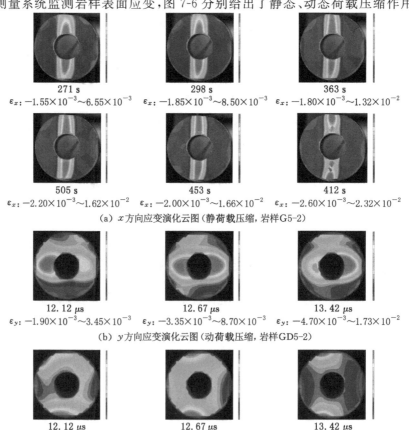

271 s
ε_x: $-1.55\times10^{-3}\sim6.55\times10^{-3}$

298 s
ε_x: $-1.85\times10^{-3}\sim8.50\times10^{-3}$

363 s
ε_x: $-1.80\times10^{-3}\sim1.32\times10^{-2}$

505 s
ε_x: $-2.20\times10^{-3}\sim1.62\times10^{-2}$

453 s
ε_x: $-2.00\times10^{-3}\sim1.66\times10^{-2}$

412 s
ε_x: $-2.60\times10^{-3}\sim2.32\times10^{-2}$

(a) x方向应变演化云图(静荷载压缩,岩样G5-2)

12.12 μs
ε_y: $-1.90\times10^{-3}\sim3.45\times10^{-3}$

12.67 μs
ε_y: $-3.35\times10^{-3}\sim8.70\times10^{-3}$

13.42 μs
ε_y: $-4.70\times10^{-3}\sim1.73\times10^{-2}$

(b) y方向应变演化云图(动荷载压缩,岩样GD5-2)

12.12 μs
ε_x: $-2.78\times10^{-3}\sim2.02\times10^{-3}$

12.67 μs
ε_x: $-7.50\times10^{-3}\sim7.70\times10^{-3}$

13.42 μs
ε_x: $-7.00\times10^{-3}\sim2.24\times10^{-2}$

(c) x方向应变演化云图(动荷载压缩,岩样GD5-2)

图7-6　环平面内单向压缩荷载作用下圆环花岗岩侧面应变演化云图
(加载方向为x方向,垂直于加载方向为y方向)

型的圆环花岗岩侧面应变演化云图。

由图 7-6 可知,环平面内单向静荷载压缩下,拉伸应变最大值率先出现于压缩方向岩样的内孔壁,且逐渐向外壁蔓延,如图 7-6(a)x 方向应变云图,说明圆环花岗岩在 x 方向拉伸应力效应驱使下产生了拉伸破坏,且破坏起始于岩样压缩方向的内孔壁。环平面内单向冲击荷载作用下,拉伸应变先出现于冲击方向(x 方向)岩样内孔壁,再萌生于垂直冲击方向(y 方向)的外壁,该现象可由岩样 x 方向拉伸应变范围小于 y 方向的应变范围来表征。同时,y 方向的应变由内孔壁向外壁扩展,x 方向却由外壁向内孔壁蔓延。因此,冲击荷载作用下岩样侧面应变的演化规律揭示岩样裂纹先由冲击方向岩样的内孔壁起裂,再由垂直冲击方向的外壁起裂,并分别向外壁、内孔壁扩展产生宏观破坏。由上述分析可得,圆环岩样侧面应变揭示的破裂历程与裂纹扩展揭示的破坏机制一致。

7.2.2　破坏模式

通过分析环平面内单向压缩试验后圆环花岗岩碎块的形状、破裂面形态也可揭示岩样的破坏机理,为圆环岩样破坏判据的构建明确方向。图 7-7 所示为内孔直径、加热温度、养护水温、加热-养护循环次数不同时静态、动态压缩破碎后岩块拼凑的结果。

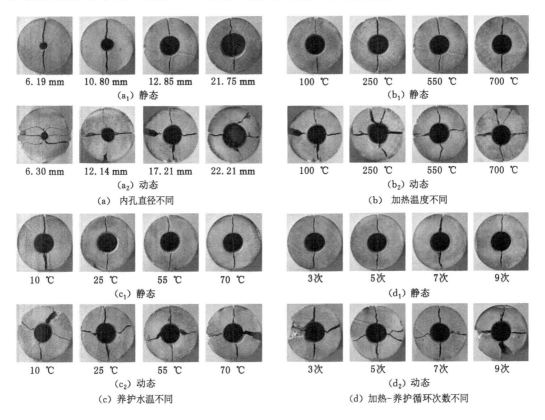

图 7-7　环平面内单向荷载作用下圆环花岗岩破碎后岩块拼凑结果

由图 7-7 可得,环平面内单向荷载压缩下,破碎后的岩块可拼凑成完整的圆环岩样,且破裂面的耦合度较好,表面无明显的摩擦错动痕迹,同时破裂面穿过圆心沿岩样环平面内单向扩展,说明圆环花岗岩于单向压缩荷载作用下产生了拉伸破坏。对比分析四因素不同时岩样碎块的形状及破裂面形态,未发现明显的区别,说明内孔直径、加热温度、养护水温以及加热-养护循环次数对圆环岩样的破坏特征影响较小。

进一步对比分析静荷载与冲击荷载作用下圆环花岗岩的破坏特征,发现静荷载压缩下岩样破裂成两对称的半圆环状,且破裂面沿压缩方向贯穿岩样中心,说明垂直压缩方向的拉伸应力是导致圆环岩样破坏的动力因素。而冲击荷载作用下,岩样破坏成近似对称的四块,形成的两组破裂面近似垂直,一组沿冲击方向,另一组垂直于冲击方向,说明冲击荷载作用下,圆环岩样内部形成了两组互相垂直的拉伸应力效应,促使岩样破裂成四块。综上所述,破碎后的岩块形状和形成的破裂面形态揭示的破裂特征与裂纹扩展历程、表面应变演化规律揭示的破裂特征一致。

7.2.3 破裂历程数值模拟分析

天然花岗岩内部存在裂纹、组分不均、颗粒度差异等,造成试验结果存在一定的离散性,间接影响圆环花岗岩的破坏特性,从而增加圆环岩样破坏判据建立的难度。为消除上述弊端,采用 PFC 和 LS-DYNA 数值模拟软件模拟分析圆环花岗岩的破裂特征,模拟结果详见图 7-8(图中岩样内孔直径为 12 mm)。

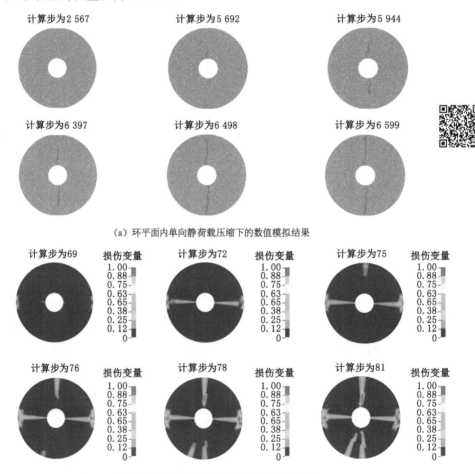

图 7-8 圆环花岗岩破裂历程数值模拟分析图

由图 7-8(a)可得,静荷载压缩下裂纹萌发于压缩方向内环壁,并向外壁延伸,最终产生贯穿圆心的破裂面,与环平面内单向静荷载压缩试验结果一致。由图 7-8(b)可得,冲击荷载作用下的数值模拟结果也接近环平面内单向冲击压缩试验结果,但形成的两组破裂面的垂直度大于试验过程中形成的破裂面。两组裂纹的扩展历程与试验结果一致,即先沿冲击方向由岩样内环壁起裂向外壁扩展,再沿垂直冲击方向由岩样外壁萌发向内孔壁扩展。因此,试验结果具有一定的代表性,基于试验中圆环花岗岩的静态、动态破裂特征构建破坏判据具有一定的科学意义。

7.3 圆环花岗岩试样破坏判据

7.3.1 基本假设

岩石具有非连续、非均匀、各向异性等特征,当建立一种可反映热循环作用后岩石的破坏判据时,尤其是建立圆环岩样的破坏判据时,需要建立在一定的假设基础上。同时,也为简化圆环岩样破坏判据的演算过程,结合试验条件,从宏微观角度出发,在合理的前提下建立以下基本假设条件:

(1) 假设圆环花岗岩是连续的、均匀的、各向同性的;

(2) 假设环平面内单向压缩荷载作用时,圆环花岗岩与外界无热能和声能的交换;

(3) 假设峰值荷载后圆环花岗岩仅产生释放能量现象,内部无能量输入;

(4) 假设试验过程中圆环花岗岩仅承受环平面内单向压缩荷载,忽略岩样与承压板、冲击杆等之间的摩擦力、岩样自身重力、冲击加载产生的惯性力等;

(5) 假设圆环花岗岩弹性变形后进入塑性阶段即产生了结构失稳倾向;

(6) 假设组成圆环花岗岩微元体的静态、动态力学特性都具有一致性,无畸变现象。

7.3.2 能量演化特征

环平面内单向压缩静态、动态试验中圆环花岗岩仅受单向压力,结合假设条件(2),岩样内部伴随的能量增量等于压缩荷载做的功,即可由下式演算峰值荷载前岩样内部伴随的总能量:

$$W_{fz} = \int_0^t F_t u_t dt \tag{7-1}$$

式中 W_{fz}——峰值荷载前岩样内部伴随的总能量;

F_t——实时压缩荷载;

u_t——实时压缩位移;

t——压缩荷载作用时间。

基于公式(7-1),同时引入微分思想,可由圆环花岗岩的荷载-位移曲线演算峰值荷载前的总能量,计算公式如下:

$$\begin{cases} W_j = \int_0^{u_{jm}} F_j(u_j) du_j \\ W_d = \int_0^{u_{dm}} F_d(u_d) du_d \end{cases} \tag{7-2}$$

式中 W_j, W_d——静态、动态峰值荷载前岩样内部伴随的总能量;

F_j，F_d——静态、动态实时压缩荷载；

u_j，u_d——静态、动态实时压缩位移；

u_jm，u_dm——环平面内单向静态压缩、动态压缩峰值荷载对应的位移。

由公式(7-2)计算热循环作用后环平面内单向压缩试验中圆环花岗岩峰值荷载前伴随的能量，并分析其随内孔直径、加热温度、养护水温、加热-养护循环次数变化而演化的规律，如图7-9所示。

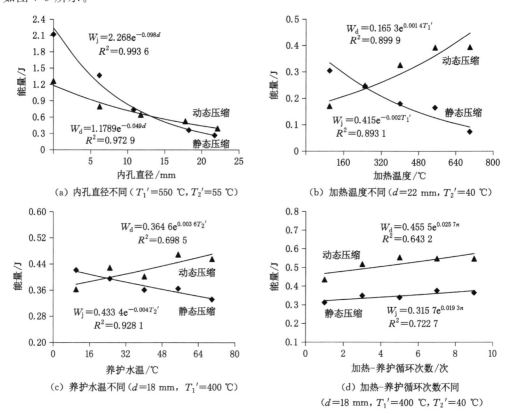

（a）内孔直径不同（$T_1'=550\ ℃$，$T_2'=55\ ℃$）

（b）加热温度不同（$d=22\ \mathrm{mm}$，$T_2'=40\ ℃$）

（c）养护水温不同（$d=18\ \mathrm{mm}$，$T_1'=400\ ℃$）

（d）加热-养护循环次数不同
（$d=18\ \mathrm{mm}$，$T_1'=400\ ℃$，$T_2'=40\ ℃$）

图7-9　圆环花岗岩伴随能量的演化规律

分析静态、动态环平面内单向压缩荷载作用下圆环花岗岩峰值前伴随能量的演化规律，发现其随内孔直径、加热温度、养护水温、加热-养护循环次数的变化呈指数函数形式发展，如图7-9所示。当内孔直径增大时，圆环花岗岩的壁厚减小，同一压缩荷载下内孔壁处的应力效应显著增大，导致岩样易发生结构破坏，同时裂纹扩展、贯通、延伸的路径也变短，岩样破坏所需的能量相应减小，体现为动态、静态单向压缩荷载作用过程中，岩样破坏前伴随的总能量随内孔直径增大而减小，如图7-9(a)所示。加热温度升高增加了圆环花岗岩内部的热损伤程度，养护水温升高提升了水分子的活力，也间接降低了岩样抗外界压缩荷载的能力，使岩样于静荷载压缩下破坏前伴随的总能量减小。但动态冲击过程中，能量是瞬时释放的，岩样伴随的各种能量来不及转换便发生破坏，部分本应耗散的能量也临时存储于岩样碎块中，造成破坏前总能量呈增大趋势发展的现象，如图7-9(b)和图7-9(c)所示。加热-养护循环次数增加的情况下，岩样破坏前伴随的能量呈缓慢增加趋势，如图7-9(d)所示，说明循环加热-养护过程对岩样内部结构的影响不明显。其原因是首次加热-养护过程中,岩样内部易损伤的结构基本达到损伤极限,后续的循环过程中,只要温度未超出首次温度,新的晶体断裂等损伤也不易产生,但岩样内部形成的微裂纹在加热-养护过程中会产生疲劳适应,岩样的耐变形能力相应提升。综上分析,圆环花岗岩破坏前伴随的总能量具有较强的规律性,其也可间接反映环平面内单向压缩荷载、压缩位移、结构变形等的演化规律,故立足于岩样储能极限也可推演圆环岩样的破坏判据。

7.3.3 破坏判据

基于圆环花岗岩的变形特征、破坏历程、能量演化规律,可得热循环作用后圆环花岗岩是在拉伸应力作用下发生破坏的,即岩样内部由拉伸荷载产生的弹性能超出其承受极限便发生拉伸破坏。因此,通过推演花岗岩的储能极限,对比分析其与圆环岩样内部存储的弹性能大小便可判定圆环岩样是否破坏。圆环岩样的环平面内单向压缩荷载-位移曲线可直接揭示其内部能量存储状况,借助岩石弹性模量的计算方法,定义曲线50%峰值荷载点处的切线为岩样内部弹性能的存储极限迹线,将其平移过峰值荷载点,同时假设压缩过程中与外界无热交换,便可构建圆环岩样伴随的能量关系,如图 7-10 所示。

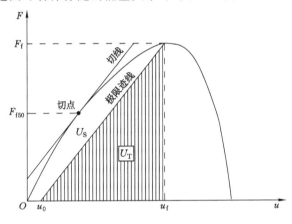

图 7-10　圆环岩样伴随能量关系示意图

由 6.4.1 小节已知圆环岩样破坏时的能量方程:

$$U_Z = U_S + U_T$$

结合图 7-10 中的弹性能极限轨迹,可演算出圆环花岗岩受环平面内单向压缩荷载时内部可存储的最大弹性能的计算公式:

$$U_T = \frac{1}{2}F_f(u_f - u_0) \tag{7-3}$$

式中　F_f——峰值荷载;

$\quad\quad u_f$——峰值荷载对应位移;

$\quad\quad u_0$——起始位移。

根据环平面内单向压缩荷载作用下圆环花岗岩的荷载-位移曲线,令 $F(u)$ 为环平面内单向压缩荷载与压缩位移之间的关系函数,可演算压缩过程中岩样伴随的总能量,即

$$U_Z = \int_0^{u_f} F(u)\mathrm{d}u \tag{7-4}$$

基于圆环花岗岩失稳破坏时伴随的能量主要供给内部微裂纹的萌发、扩展、贯通和微单元体损伤塑性变形骤然增多时，伴随总能量大于岩样储存弹性能极限的机制，联立公式(7-3)和公式(7-4)便可得圆环花岗岩的破坏判据：

$$\begin{cases} \int_0^{u_f} F(u)\mathrm{d}u < \dfrac{1}{2} F_f(u_f - u_0) & \text{（稳定状态）} \\[2mm] \int_0^{u_f} F(u)\mathrm{d}u = \dfrac{1}{2} F_f(u_f - u_0) & \text{（临界状态）} \\[2mm] \int_0^{u_f} F(u)\mathrm{d}u > \dfrac{1}{2} F_f(u_f - u_0) & \text{（失稳破坏）} \end{cases} \tag{7-5}$$

7.3.4 试验验证

基于试验结果，选择的加热温度、养护水温分别为 550 ℃、55 ℃，加热-养护 1 次、内孔直径不同时的静态、动态试验结果展开分析，验证构建的圆环花岗岩破坏判据的合理性。由圆环花岗岩的峰值荷载、峰值荷载对应的位移演化规律，得其与岩样内孔直径、加热温度、养护水温、加热-养护循环次数呈一元三次多项式关系，可将相应函数的关系定义如下：

$$\begin{cases} F_f = a_1 x^3 + a_2 x^2 + a_3 x + c_a \\ u_f = b_1 x^3 + b_2 x^2 + b_3 x + c_b \end{cases} \tag{7-6}$$

由式(7-6)可推演不同内孔直径圆环花岗岩破坏判据方程(7-5)中对应的参数 F_f、u_f、u_0。此时，破坏判据验证的相关参数便可确定，如表 7-1 所示。

表 7-1 圆环岩样破坏判据验证相关参数

峰值荷载方程参数			峰值位移方程参数			静态破坏判据参数				动态破坏判据参数			
方程系数	静态	动态	方程系数	静态/(×10⁻³)	动态/(×10⁻³)	内孔直径/mm	F_f/kN	u_f/mm	u_0/mm	内孔直径/mm	F_f/kN	u_f/mm	u_0/mm
a_1	0.001 3	−0.002 9	b_1	0.030	−0.003	0.00	12.234	0.426	0.140 5	0	45.888	0.036	0.009 6
a_2	−0.034 8	0.094 2	b_2	−0.900	0.100	6.19	9.196	0.367	0.114 9	6.24	37.832	0.026	0.007 4
a_3	−0.356 2	−1.751 1	b_3	−5.600	−2.300	10.80	5.852	0.297	0.086 0	11.74	33.676	0.024	0.006 1
c_a	12.264 0	45.873 0	c_b	426.20	35.500	18.25	2.482	0.221	0.007 1	17.78	28.004	0.023	0.004 0
						21.75	1.818	0.206	0.050 0	22.15	21.566	0.023	0.003 5

将表 7-1 中的数据代入破坏判据方程(7-5)中，并结合试验获取的加热温度、养护水温分别为 550 ℃、55 ℃，加热-养护 1 次，内孔直径不同时的静态、动态荷载-位移曲线，可得相应的验证关系，如图 7-11 所示。

由图 7-11 可得，环平面内单向静态、动态压缩试验峰值荷载前伴随的总能量都大于由构建的圆环花岗岩破坏判据方程演算的理论弹性能极限，且试验值与理论值随内孔直径增大而变化的规律一致。上述验证关系表征试验过程中环平面内单向荷载做的功足以促使岩样内部裂纹萌发、扩展与贯通，即发生宏观破坏。由验证关系可得，理论验证的结果与试验结果一致，证明构建的热循环作用后深部圆环岩样的破坏判据是合理的，可为探索深部热能开采时井筒围岩的失稳与止裂提供理论参考。

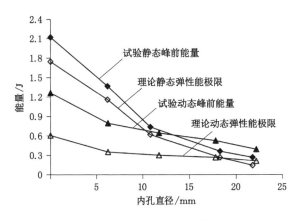

图 7-11　圆环花岗岩破坏判据验证图

7.4　本章小结

通过开展圆环花岗岩的静态、动态力学试验,研究环平面内单向荷载作用下圆环岩样的破裂特征和破坏判据,得出如下结论:

（1）环平面内单向压缩荷载下圆环花岗岩的单向静荷载-位移曲线呈上凹→类直线→峰后破坏三段式发展,单向动荷载-位移曲线则呈类抛物线形式。且随加热温度和养护水温升高、循环加热-养护次数增多,静态、动态峰值荷载增大、峰值位移减小,但二者都随岩样内孔直径的增大而减小。

（2）环平面内单向压缩荷载下圆环花岗岩最终的破坏模式为拉伸破坏,静态压缩时沿加载方向贯穿圆心形成破裂面,动态压缩时沿冲击方向、垂直于冲击方向形成两组近似垂直的破裂面,且静态压缩和动态压缩的裂纹都起裂于压缩方向岩样的内环壁。

（3）构建了静态、动态单向压缩试验中圆环花岗岩伴随能量分别与内孔直径、加热温度、养护水温、加热-养护循环次数之间的定量关系,且在一定假设基础上,结合圆环岩样的变形及破裂特征,建立了相应的破坏判据,并用试验数据进行了合理性验证。

参 考 文 献

[1] 国家发展和改革委员会,国家能源局,国土资源部.地热能开发利用"十三五"规划[R]. 2017,1.

[2] 袁华江.中美地热能资源管理比较探析[J].环境科学与管理,2012,37(1):17-23.

[3] AKAI M. Primary energy supply[J]. IEEJ Transactions on electrical and electronic engineering,2007,2(1):17-21.

[4] 何建坤.国外可再生能源法律译编[M].北京:人民法院出版社,2004.

[5] THOROLFSSON G. Maintenance history of a geothermal plant:Svartsengi Iceland [R]//Proceedings of the World Geothermal Congress,Antalya,2005.

[6] LUND J W. 100 years of geothermal power production [C]//Proceedings of Thirtieth Workshop on Geothermal Reservoir Engineering. Stanford University, Stanford, California, 2005:SGP-TR-176.

[7] BERTANI R. Geothermal power generation in the world 2005—2010 update report [J].Geothermics,2012,41:1-29.

[8] MONTERROSA M. Central America geothermal development and EGS perpectives [R].[S. l. :s. n.],2007.

[9] MUFFLER L J P. Tectonic and hydrologic control of the nature and distribution of geothermal resources[J]. Geo-Heat Center Quarterly Bulletin, 1993, 15(2): ISSN 0276-1084.

[10] DONALDSON L G, GRANT M A. Heat extraction from geothermal reservoir[M]// RYBACH L, MUFFLER L J P. Geothermal Systems:Principles and case histories. Chichester:John Wiley and Sons Ltd. , 1981.

[11] 汪集旸.近年来我国地热学的研究与展望[J].地球物理学报,1997,40(增刊): 249-256.

[12] 廖志杰.中国低碳地热发电的回顾与展望[J].自然杂志,2011,33(2):86-92.

[13] 赵平,谢鄂军,多吉,等.西藏地热气体的地球化学特征及其地质意义[J].岩石学报, 2002,18(4):539-550.

[14] 周立功,张维平.西藏羊八井高温地热田地噪声与微地震勘查研究[J].地球物理学报, 1996,39(增刊):249-263.

[15] 赵平,KENNEDY M,多吉,等.西藏羊八井热田地热流体成因及演化的惰性气体制约 [J].岩石学报,2001,17(3):497-503.

[16] 张立恩,陈少锋,姜继莲,等.MT 法在地热勘探中的应用[J].石油地球物理勘探, 2004,39(增刊):66-70.

［17］赵国泽,陆建勋.利用人工源超低频电磁波监测地震的试验与分析[J].中国工程科学,
2003,5(10):27-33.

［18］赵国泽,汤吉,邓前辉,等.人工源超低频电磁波技术及在首都圈地区的测量研究[J].
地学前缘,2003,10(特刊):248-257.

［19］赵国泽,陈小斌,汤吉.中国地球电磁法新进展和发展趋势[J].地球物理学进展,2007,
22(4):1171-1180.

［20］岳棋柱.天然电磁辐射测深技术的方法及其装置的物探方法特征[J].地球物理学进
展,2015,30(4):1840-1842.

［21］岳棋柱.天然电磁辐射测深技术的应用[J].地球物理学进展,2004,19(4):873-879.

［22］岳棋柱.天然电磁辐射测深技术工作机理的定性解释[J].地球物理学进展,2006,21
(4):1281-1284.

［23］孙致学,徐轶,吕抒桓,等.增强型地热系统热流固耦合模型及数值模拟[J].中国石油
大学学报(自然科学版),2016,40(6):109-117.

［24］旷健,祁士华,王帅,等.广东惠州花岗岩体及其地热意义[J].地球科学,2020,45(04):
1466-1480.

［25］张志镇,高峰,徐小丽.花岗岩力学特性的温度效应试验研究[J].岩土学,2011,32
(8):2346-2352.

［26］黄彦华,杨圣奇.高温后含孔花岗岩拉伸力学特性试验研究[J].中国矿业大学学报,
2017,46(4):783-791.

［27］ZHU D,JING H W,YIN Q,et al. Experimental study on the damage of granite by
acoustic emission after cyclic heating and cooling with circulating water [J].
Processes,2018,6(8):101.

［28］ZHAO X G,ZHAO Z,GUO Z,et al. Influence of thermal treatment on the thermal
conductivity of Beishan granite[J]. Rock mechanics and rock engineering,2018,51
(7):2055-2074.

［29］ZHAO X G,XU H R,ZHAO Z,et al. Thermal conductivity of thermally damaged
Beishan granite under uniaxial compression [J]. International journal of rock
mechanics and mining sciences,2019,115:121-136.

［30］左建平,谢和平,周宏伟.温度压力耦合作用下的岩石屈服破坏研究[J].岩石力学与工
程学报,2005,24(16):2917-2921.

［31］KIM T,JEON S. Experimental study on shear behavior of a rock discontinuity under
various thermal, hydraulic and mechanical conditions[J]. Rock mechanics and rock
engineering,2019,52(7):2207-2226.

［32］刘石,许金余,白二雷,等.高温后大理岩动态劈裂拉伸试验研究[J].岩土学,2013,
34(12):3500-3504.

［33］宋小林,王启智,谢和平.高温后大理岩动态劈裂试样的破坏应变[J].四川大学学报
(工程科学版),2008,40(1):38-43.

［34］ZHAO Z,BIAO M X,LI M,et al. Effect of strain rate and high temperature on the
tensile mechanical properties of coal sandstone[J]. Thermal science,2019,23(Suppl.

3）：927-933.

[35] WANG Z L, SHI G Y. Effect of heat treatment on dynamic tensile strength and damage behavior of medium-fine-grained Huashan granite［J］. Experimental techniques,2017,41(4):365-375.

[36] 陈景涛,冯夏庭.高地应力下岩石的真三轴试验研究[J].岩石力学与工程学报,2006,25(8):1537-1543.

[37] SU G S, SHI Y J, FENG X T, et al. True-triaxial experimental study of the evolutionary features of the acoustic emissions and sounds of rockburst processes[J]. Rock mechanics and rock engineering,2018,51(2):375-389.

[38] 杨栋,李海波,夏祥,等.高地应力条件下爆破开挖诱发围岩损伤的特性研究[J].岩土力学,2014,35(4):1110-1116.

[39] YANG H Y, CAO S G, ZHOU G S, et al. Dynamic effect and stress wave analysis by transient unloading of a rock sample under high stress condition[J]. Kuwaitjournal of science, 2019, 46(3):90-102.

[40] 周宏伟,谢和平,左建平.深部高地应力下岩石力学行为研究进展[J].力学进展,2005,35(1):91-99.

[41] XIE H P, JU Y, REN S H, et al. Theoretical and technological exploration of deep in situ fluidized coal mining[J]. Frontiers in energy,2019,13(4):603-611.

[42] 康红普.煤矿井下应力场类型及相互作用分析[J].煤炭学报,2008,33(12):1329-1335.

[43] GUO G Y, KANG H P, QIAN D Y, et al. Mechanism for controlling floor heave of mining roadways using reinforcing roof and sidewalls in underground coal mine[J]. Sustainability,2018,10(5):1413.

[44] 郭晓菲,马念杰,赵希栋,等.圆形巷道围岩塑性区的一般形态及其判定准则[J].煤炭学报,2016,41(8):1871-1877.

[45] 赵志强,马念杰,刘洪涛,等.巷道蝶形破坏理论及其应用前景[J].中国矿业大学学报,2018,47(5):969-978.

[46] JIANG L S, MITRI H S, MA N J, et al. Effect of foundation rigidity on stratified roadway roof stability in underground coal mines[J]. Arabian journal of geosciences,2015,9(1):32.

[47] 邵保平,赵阳升.600℃内高温状态花岗岩遇水冷却后力学特性试验研究[J].岩石力学与工程学报,2010,29(5):892-898.

[48] FENG Z J, ZHAO Y S, ZHANG Y, et al. Real-time permeability evolution of thermally cracked granite at triaxial stresses[J]. Applied thermal engineering,2018,133:194-200.

[49] 张勇.温度循环作用后蚀变岩力学参数劣化规律的探究[J].工程地质学报,2017,25(2):410-415.

[50] 马芹永,郁培阳,袁璞.干湿循环对深部粉砂岩蠕变特性影响的试验研究[J].岩石力学与工程学报,2018,37(3):593-600.

［51］杜彬,白海波,马占国,等.干湿循环作用下红砂岩动态拉伸力学性能试验研究[J].岩石力学与工程学报,2018,37(7):1671-1679.

［52］杨更社,张全胜,蒲毅彬.冻结温度对岩石细观损伤扩展特性影响研究初探[J].岩土力学,2004,25(9):1409-1412.

［53］何国梁,张磊,吴刚.循环冻融条件下岩石物理特性的试验研究[J].岩土力学,2004,25(增刊):52-56.

［54］WANG L P, LI N, QI J L, et al. A study on the physical index change and triaxial compression test of intact hard rock subjected to freeze-thaw cycles[J]. Cold regions science and technology,2019,160:39-47.

［55］金解放.静载荷与循环冲击组合作用下岩石动态力学特性研究[D].长沙:中南大学,2012.

［56］王春,唐礼忠,程露萍,等.一维高应力及重复冲击共同作用下岩石的本构模型[J].岩石力学与工程学报,2015,34(增1):2868-2878.

［57］唐礼忠,王春,程露萍,等.一维静载及循环冲击共同作用下矽卡岩力学特性试验研究[J].中南大学学报(自然科学版),2015,46(10):3898-3906.

［58］叶洲元,赵伏军,周子龙.动静组合载荷下卸荷岩石力学特性分析[J].岩土工程学报,2013,35(3):454-459.

［59］YINZ Q, LI X B, JIN J F, et al. Failure characteristics of high stress rock induced by impact disturbance under confining pressure unloading［J］. Transactions of Nonferrous Metals Society of China,2012,22(1):175-184.

［60］陈腾飞,许金余,刘石,等.经历不同高温后砂岩的动态力学特性实验研究[J].爆炸与冲击,2014,34(2):195-201.

［61］曾严谨,荣冠,彭俊,等.高温循环作用后大理岩裂纹扩展试验研究[J].岩土力学,2018,39(增刊1):220-226.

［62］SHU R H, YIN T B, LI X B, et al. Effect of thermal treatment on energy dissipation of granite under cyclic impact loading[J]. Transactions of Nonferrous Metals Society of China,2019,29(2):385-396.

［63］HÖRBRAND T, BAUMANN T, MOOG H C. Validation of hydrogeochemical databases for problems in deep geothermal energy[J]. Geothermal energy,2018,6(1):20.

［64］RYBACH L. Geothermal power growth 1995—2013: a comparison with other renewables[J]. Energies, 2014,7(8):4802-4812.

［65］冉运敏,卜宪标.保温对地热单井换热性能的影响分析[J].化工学报,2019,70(11):4191-4198.

［66］谢和平,熊伦,谢凌志,等.中国CO_2地质封存及增强地热开采一体化的初步探讨[J].岩石力学与工程学报,2014,33(增1):3077-3086.

［67］WANG Y, ZHANG L, CUI G D, et al. Geothermal development and power generation by circulating water and isobutane via a closed-loop horizontal well from hot dry rocks[J]. Renewable energy,2019,136:909-922.

[68] LI D Y, WANG T, CHENG T J, et al. Static and dynamic tensile failure characteristics of rock based on splitting test of circular ring[J]. Transactions of Nonferrous Metals Society of China,2016,26(7):1912-1918.

[69] 吴秋红,赵伏军,李夕兵,等.径向压缩下圆环砂岩样的力学特性研究[J].岩土力学,2018,39(11):3969-3975.

[70] 杨圣奇,李尧,黄彦华,等.单孔圆盘劈裂试验宏细观力学特性颗粒流分析[J].中国矿业大学学报,2019,48(5):984-992.

[71] 尤明庆,陈向雷,苏承东.干燥及饱水岩石圆盘和圆环的巴西劈裂强度[J].岩石力学与工程学报,2011,30(3):464-472.

[72] 朱万成,冯丹,周锦添,等.圆环试样用于岩石间接拉伸强度测试的数值试验[J].东北大学学报,2004,25(9):899-902.

[73] 齐宏宇,刘磊,孟祥,等.不同温度下大理岩静动力学特性研究[J].化工矿物与加工,2021,50(6):25-30.

[74] 尹土兵,李夕兵,王斌,等.高温后砂岩动态压缩条件下力学特性研究[J].岩土工程学报,2011,33(5):777-784.

[75] PING Q, ZHANG C L, SUN H J, et al. Dynamic mechanical properties and energy dissipation analysis of sandstone after high temperature cycling[J]. Shock and vibration,2020,2020:8848595.

[76] 李明,茅献彪,曹丽丽,等.高温后砂岩动力特性应变率效应的试验研究[J].岩土力学,2014,35(12):3479-3488.

[77] LI X, YAO W, WANG C L. The influence of multiple dynamic loading on fragmentation characteristics in dynamic compression tests[J]. Rock mechanics and rock engineering,2021,54(3):1583-1596.

[78] RAE A S P, KENKMANN T, PADMANABHA V, et al. Dynamic compressive strength and fragmentation in felsic crystalline rocks[J]. Journal of geophysical research:Planets,2020,125(10):e2020JE006561.

[79] 杨敏,杨磊,李玮枢,等.循环升温-水冷作用下花岗岩的力学特征与破坏模式[J].科学技术与工程,2021,21(32):13828-13836.

[80] 冯国瑞,文晓泽,郭军,等.含水率对煤样声发射特征和碎块分布特征影响的试验研究[J].中南大学学报(自然科学版),2021,52(8):2910-2918.

[81] ZHU Y B, HUANG X, LIU Y W, et al. Nonlinear viscoelastoplastic fatigue model for natural gypsum rock subjected to various cyclic loading conditions[J]. International journal of geomechanics,2021,21(5):04021062.

[82] LIU E L, HE S M, XUE X H, et al. Dynamic properties of intact rock samples subjected to cyclic loading under confining pressure conditions[J]. Rock mechanics and rock engineering,2011,44(5):629-634.

[83] 刘军忠,许金余,吕晓聪,等.围压下岩石的冲击力学行为及动态统计损伤本构模型研究[J].工程力学,2012,29(1):55-63.

[84] WANG C L, HE B B, HOU X L, et al. Stress-energy mechanism for rock failure

evolution based on damage mechanics in hard rock[J]. Rock mechanics and rock engineering,2020,53(3):1021-1037.

[85] LI X B, ZUO Y J, WANG W H, et al. Constitutive model of rock under static-dynamic coupling loading and experimental investigation [J]. Transactions of Nonferrous Metals Society of China,2006,16(3):714-722.

[86] ZHAO Z W, WU B, YANG X, et al. An improved statistical damage constitutive model for granite under impact loading[J]. Advances in civil engineering,2019,2019:7831656.

[87] LIU Z, WU W R, YAO Z, et al. Theoretical and experimental study on damage properties of surrounding rock under high-frequency constant impact load[J]. Shock and vibration,2019,2019:7275425.

[88] LI Y L, MA Z Y. A damaged constitutive model for rock under dynamic and high stress state[J]. Shock and vibration,2017:8329545.

[89] 左建平,满轲,曹浩,等.热力耦合作用下岩石流变模型的本构研究[J].岩石力学与工程学报,2008,27(增1):2610-2616.

[90] 邰保平,赵阳升,万志军,等.热力耦合作用下花岗岩流变模型的本构关系研究[J].岩石力学与工程学报,2009,28(5):956-967.

[91] 陈益峰,胡冉,周创兵,等.热-水-力耦合作用下结晶岩渗透特性演化模型[J].岩石力学与工程学报,2013,32(11):2185-2195.

[92] 李博,梁秦源,周宇,等.基于CT-GBM重构法的花岗岩裂纹扩展规律研究[J].岩石力学与工程学报,2022,41(6):1114-1125.

[93] 胡训健,卞康,刘建,等.细观结构的非均质性对花岗岩蠕变特性影响的离散元模拟研究[J].岩石力学与工程学报,2019,38(10):2069-2083.

[94] 张国凯,李海波,王明洋,等.单裂隙花岗岩破坏强度及裂纹扩展特征研究[J].岩石力学与工程学报,2019,38(增1):2760-2771.

[95] LEE H, JEON S. An experimental and numerical study of fracture coalescence in pre-cracked specimens under uniaxial compression[J]. International journal of solids and structures,2011,48(6):979-999.

[96] 李炼,罗林,吴礼舟,等.岩石偏心圆孔单裂纹平台圆盘的动态裂纹扩展与止裂[J].爆炸与冲击,2018,38(6):1218-1230.

[97] 王飞,王蒙,朱哲明,等.冲击荷载下岩石裂纹动态扩展全过程演化规律研究[J].岩石力学与工程学报,2019,38(6):1139-1148.

[98] 李勇,蔡卫兵,朱维申,等.水力耦合作用下裂纹扩展演化机理的试验和颗粒流分析[J].工程科学与技术,2020,52(3):21-31.

[99] 刘嘉,薛熠,高峰,等.层理页岩水力裂缝扩展规律的相场法研究[J].岩土工程学报,2022,44(03):464-473.

[100] 周磊,姜亚成,朱哲明,等.动载荷作用下裂隙岩体的止裂机理分析[J].爆炸与冲击,2021,41(5):34-44.

[101] 邓青林,赵国彦,谭彪,等.基于XFEM的岩体卸荷过程裂纹起裂扩展规律研究[J].

工程科学学报,2017,39(10):1470-1476.

[102] 曹富,杨丽萍,李炼,等.压缩单裂纹圆孔板(SCDC)岩石动态断裂全过程研究[J].岩土力学,2017,38(6):1573-1582.

[103] 王雁冰,张瑶瑶,聂俊文,等.冲击荷载下含孔洞砂岩的力学特性[J].采矿与岩层控制工程学报,2023,5(1):013024.

[104] 王春,胡慢谷,王成.等.热-水-力作用下圆孔花岗岩的动态损伤特征及结构模型[J].岩土力学,2023,44(3):741-756.

[105] 王春,王怀彬,熊祖强,等.温湿循环条件下圆环花岗岩径向压缩力学特征试验研究[J].岩石力学与工程学报,2020,39(增2):3260-3270.

[106] 李德威,王焰新.干热岩地热能研究与开发的若干重大问题[J].地球科学(中国地质大学学报),2015,40(11):1858-1869.

[107] ZHANG Y L, ZHAO G F. A global review of deep geothermal energy exploration: from a view of rock mechanics and engineering[J]. Geomechanics and geophysics for geo-energy and geo-resources,2019,6(1):4.

[108] WATANABE N, SAITO K, OKAMOTO A, et al. Stabilizing and enhancing permeability for sustainable and profitable energy extraction from superhot geothermal environments[J]. Applied energy,2020,260:114306.

[109] SINGH M, TANGIRALA S K, CHAUDHURI A. Potential of CO_2 based geothermal energy extraction from hot sedimentary and dry rock reservoirs, and enabling carbon geo-sequestration[J]. Geomechanics and geophysics for geo-energy and geo-resources,2020,6(1):16.

[110] RAN Y M, BU X B. Influence analysis of insulation on performance of single well geothermal heating system[J]. CIESC journal, 2019, 70(11): 4191-4198.

[111] 李姗,鲜保安.地热能原位换热试验分析与机理研究[J].中国资源综合利用,2020,38(1):15-18.

[112] 李地元,高飞红,刘濛,等.动静组合加载下含孔洞层状砂岩破坏机制探究[J].岩土力学,2021,42(8):2127-2140.

[113] WU Q H, ZHAO F J, LI X B, et al. Mechanical properties of ring specimens of sandstone subjected to diametral compression[J]. Rock and soil mechanics, 2018, 39: 3969-3975.

[114] Yang S Q, Li Y, Huang Y H, et al. Particle flow analysis of macroscopic and microscopic mechanical properties of Brazilian disc containing a hole under splitting test[J]. Journal of China University of Mining and Technology. 2019, 48: 984-992.

[115] 柴瑞瑞,李纲.可再生清洁能源与传统能源清洁利用:发电企业能源结构转型的演化博弈模型[J].系统工程理论与实践,2022,42(1):184-197.

[116] WAN X F, ZHANG H, SHEN C B. Visualization analysis on the current status and development trend of geothermal research: insights into the database of web of science[J]. Frontiers in energy research,2022,10:853439.

[117] 曹锐,多吉,李玉彬,等.我国中深层地热资源赋存特征、发展现状及展望[J].工程科

学学报,2022,44(10):1623-1631.

[118] LIN B Q, LI Z. Towards world's low carbon development: the role of clean energy [J]. Applied energy,2022,307:118160.

[119] WANG C, LI J, WANG C, et al. Damage and failure mechanism of concentric perforated granite under static pressure after alternating action of high temperature and water at different temperatures[J]. Engineering fracture mechanics,2021, 253:107860.

[120] 李夕兵,古德生.岩石冲击动力学[M].长沙:中南工业大学出版社,1994.

[121] LIU Y, DAI F. A damage constitutive model for intermittent jointed rocks under cyclic uniaxial compression[J]. International journal of rock mechanics and mining sciences,2018,103:289-301.

[122] 蔡美峰.岩石力学与工程[M].北京:科学出版社,2002.

[123] 周光泉,刘孝敏.粘弹性理论[M].合肥:中国科学技术大学出版社,1996.

[124] 刘树新,刘长武,韩小刚,等.基于损伤多重分形特征的岩石强度 Weibull 参数研究[J].岩土工程学报,2011,33(11):1786-1791.

[125] 郑永来,周澄,夏颂佑.岩土材料黏弹性连续损伤本构模型探讨[J].河海大学学报, 1997,25(2):114-116.

[126] 唐春安.岩石破裂过程中的灾变[M].北京:煤炭工业出版社,1993.

[127] KINOSHITA S, SATO K, KAWAKITA M. On the mechanical behavior of rocks under impulsive loading[J]. Bulletin of the Faculty of Engineering Hokkaido University, 1977, 8(3):51-62.

[128] 曹文贵,赵明华,刘成学.基于 Weibull 分布的岩石损伤软化模型及其修正方法研究[J].岩石力学与工程学报,2004,23(19):3226-3231.

[129] 殷达,赵宁,刘雄峰,等.基于 Matlab 的花岗岩 RHT 模型参数确定研究[J].中国农村水利水电,2022(7):180-186,192

[130] 赵宁,朱瑾,陈明,等.水下岩体冲击破坏数值模拟 RHT 模型参数确定方法[J].水电与新能源,2022,36(2):14-17.

[131] 张雄,廉艳平,刘岩,等.物质点法[M].北京:清华大学出版社,2013.

[132] HOLMQUIST T, JOHNSON G R. A computational constitutive model for glass subjected to large strains, high strain rates and high pressures[J]. Journal of applied mechanics,2011,78:051003.

[133] 李洪超,陈勇,刘殿书,等.岩石 RHT 模型主要参数敏感性及确定方法研究[J].北京理工大学学报,2018,38(8):779-785.

[134] DHAR A, NAETH M A, JENNINGS P D, et al. Geothermal energy resources: potential environmental impact and land reclamation[J]. Environmental reviews, 2020,28(4):415-427.

[135] CHOWDHURY M S, RAHMAN K S, SELVANATHAN V, et al. Current trends and prospects of tidal energy technology [J]. Environment, development and sustainability,2021,23(6):8179-8194.

[136] XIAO Y, GUO J C, WANG H H, et al. Elastoplastic constitutive model for hydraulic aperture analysis of hydro-shearing in geothermal energy development[J]. Simulation, 2019, 95(9):861-872.

[137] WU J W, FENG Z J, CHEN S P, et al. Destruction law of borehole surrounding rock of granite under thermo-hydro-mechanical coupling[J]. Geofluids, 2020, 2020:6627616.

[138] WANG C, ZHAN S F, XIE M Z, et al. Damage characteristics and constitutive model of deep rock under frequent impact disturbances in the process of unloading high static stress[J]. Complexity, 2020:2706091.

[139] 唐礼忠,王春,程露萍,等.一维静载及循环冲击共同作用下矽卡岩力学特性试验研究[J].中南大学学报(自然科学版),2015,46(10):3898-3906.

[140] 谢和平,鞠杨,黎立云.基于能量耗散与释放原理的岩石强度与整体破坏准则[J].岩石力学与工程学报,2005,24(17):3003-3010.

[141] LI R, ZHU J B, QU H L, et al. An experimental investigation on fatigue characteristics of granite under repeated dynamic tensions[J]. International journal of rock mechanics and mining sciences,2022,158:105185.

[142] ZHOU Z L, LU J Y, CAI X, et al. Influence of interface morphology on dynamic behavior and energy dissipation of bi-material discs[J]. Transactions of Nonferrous Metals Society of China,2022,32(7):2339-2352.

[143] GUO X Y, SONG H Q, KILLOUGH J, et al. Numerical investigation of the efficiency of emission reduction and heat extraction in a sedimentary geothermal reservoir: a case study of the Daming geothermal field in China[J]. Environmental science and pollution research,2018,25(5):4690-4706.

[144] 罗文行,孙国强,周洋,等.试论地球深部地热能传输机理[J].地学前缘,2020,27(1):10-16.

[145] 周安朝,赵阳升,郭进京,等.西藏羊八井地区高温岩体地热开采方案研究[J].岩石力学与工程学报,2010,29(增2):4089-4095.

[146] 张德祯.河南省浅层地热能开发利用现状、问题及对策[C]//中国资源综合利用协会地温资源综合利用专业委员会.地温资源与地源热泵技术应用论文集(第三集),2009:161-166.

[147] 赵志超.河北平原地热资源合理开发保护关键技术[J].环境与发展,2017,29(4):7-8.